JN262070

ランダム行列の数理と科学

共著
渡辺澄夫・永尾太郎・樺島祥介・田中利幸・中島伸一

森北出版株式会社

●本書のサポート情報を当社Webサイトに掲載する場合があります．下記のURLにアクセスし，サポートの案内をご覧ください．

https://www.morikita.co.jp/support/

●本書の内容に関するご質問は，森北出版 出版部「（書名を明記）」係宛に書面にて，もしくは下記のe-mailアドレスまでお願いします．なお，電話でのご質問には応じかねますので，あらかじめご了承ください．

editor@morikita.co.jp

●本書により得られた情報の使用から生じるいかなる損害についても，当社および本書の著者は責任を負わないものとします．

■本書に記載している製品名，商標および登録商標は，各権利者に帰属します．

■本書を無断で複写複製（電子化を含む）することは，著作権法上での例外を除き，禁じられています．複写される場合は，そのつど事前に（一社）出版者著作権管理機構（電話03-5244-5088，FAX03-5244-5089，e-mail：info@jcopy.or.jp）の許諾を得てください．また本書を代行業者等の第三者に依頼してスキャンやデジタル化することは，たとえ個人や家庭内での利用であっても一切認められておりません．

はじめに

　本書では，ランダム行列の数理と科学について紹介する．
　ランダム行列とは要素がランダムな行列のことである．
　その研究は数学においても科学においても現在まさしく進行している最中であって，いまこのときも，高く，深く，複雑になりつつある．さらに意外な分野との関係がありうることが発見され，ランダム行列の未来の姿を思い描くことは極めて難しい．
　本書では，そのような状況にあるランダム行列に関して基礎となる数理と科学とについて述べる．未来の研究が，空高く，奥深く，大地をおおう森林となったとき，その小さな芽がどのようであったかを伝えることに数理と科学における意義があると考えるからである．

　第1章は，ランダム行列に初めて出会う人のための入門の章である．行列と確率について復習を行い，ランダム行列の数理に関する考え方を紹介し，典型的な応用の方法を述べる．ランダム行列について出会ったことがある読者は第1章はスキップしてよい．
　第2章では，ランダム行列の普遍性について述べる．ランダム行列は確率論的な性質に由来する特別に美しい法則に従うのであるが，その法則は，どのくらい一般的に成り立つものなのであろうか．第2章では，この問いかけの基礎にある数理について述べる．
　第3章では，ランダム行列に関する情報統計力学について紹介する．ランダムな相互作用をもつ系を考察するための統計力学の方法はランダム行列を対象とするときにも大きな力を発揮し，ランダム行列の解析に新しい光をもたらすことになる．
　第4章では，ランダム行列の歴史，現在の研究の広がり，未来への展開について述べる．ランダム行列は統計学を起源とし，物理学・ファイナンス・情報理論など多岐に渡って応用され，また自由確率論という新しい数学の世界をつくり出している．ランダム行列について俯瞰的に理解したい読者は，第4章か

ら読み始めることをお奨めする．

　第 5 章では，統計学および学習理論においてランダム行列の理論が活躍する実況を紹介する．数種類の異なる統計的推測の方法の精度の違いが明らかにされる様子から，読者はランダム行列の理論の強力さを実感することができるであろう．

　本書は，第 1 章を渡辺澄夫が，第 2 章を永尾太郎が，第 3 章を樺島祥介が，第 4 章を田中利幸が，第 5 章を中島伸一がそれぞれ担当した．また本書の作成にあたっては森北出版の石田昇司氏と丸山隆一氏にお世話になった．複数の著者による合作という困難な行程を完遂できたのは両氏のおかげである．ここに記して感謝申し上げたい．

　本書が，読者にランダム行列に関心をもっていただくきっかけとなり，その数理と科学の未来の姿を思い描いていただく一助となれば幸いである．

2013 年 11 月　著者一同

目 次

本書の道案内	1
第1章 ランダム行列への入り口	**5**
1.1 ランダム行列とは	5
1.2 行列と確率の復習	9
行列の復習　9／確率の復習　13	
1.3 ランダム行列への準備	16
基礎となる確率　16／2次元の例　17	
1.4 有限次元行列の固有値分布	21
1.5 無限次元極限	32
1.6 積分方程式の解	36
解が存在すること　36／解が一つであること　39	
1.7 ランダム行列の応用例	43
第2章 ランダム行列の普遍性	**49**
2.1 準備	49
乱数とモーメント　49／中心極限定理　50	
2.2 固有値密度の普遍性	53
ウィグナーの半円則　53／マルチェンコ−パスツール則　60／円則と楕円則　66／普遍性の破れ　69	
2.3 固有値密度のゆらぎ	70
ゆらぎの普遍性　70／局所相関関数の導出　74	
第3章 ランダム行列への情報統計力学的アプローチ	**79**
3.1 レプリカ法による最大固有値問題の解析：主成分分析を例として	80
主成分分析とは　80／主成分分析は信用できるか？：簡単なモデルにもとづく考察　82／レプリカ法による解析　83／数値実験による検証と有限サイズスケーリング仮説　93	

3.2 漸近固有値分布 ──────────────────── 96
　　　逆冪を用いたデルタ関数の表現　96 ／ 漸近固有値分布と分配関数　97 ／
　　　レプリカ法による評価　99 ／ 回転不変な行列アンサンブルで成り立つ公式　104
　3.3 おわりに ──────────────────────── 109

第4章　情報学からのランダム行列入門 ──────── 113
　4.1 歴史 ────────────────────────── 114
　　　多変量統計学　114 ／ 核物理学　115
　4.2 いくつかの応用 ──────────────────── 116
　　　無線通信理論　116 ／ ファイナンス　120 ／ 統計的学習理論　124
　4.3 基本的な結果 ───────────────────── 125
　　　ウィグナーの半円則　125 ／ マルチェンコ–パスツール則　128 ／
　　　その他の結果　130
　4.4 最近の展開から：自由確率論 ─────────────── 132
　4.5 文献と補遺──むすびに代えて ──────────── 140

第5章　ランダム行列と学習理論 ──────────── 147
　5.1 ウィシャート分布 ────────────────── 148
　　　共分散行列　148 ／ ウィシャート分布の定義　149 ／
　　　ウィシャート行列の極限固有値分布　150
　5.2 統計モデルの特異性 ───────────────── 152
　　　正則モデルとその学習理論　153 ／ 特異モデルについて　155
　5.3 縮小ランク回帰モデルの汎化性能解析 ────────── 156
　　　縮小ランク回帰モデル　157 ／ 最尤推定の汎化性能　158 ／ 縮小ランク
　　　回帰モデルの変分ベイズ解　161 ／ 変分ベイズ法の汎化性能　163
　5.4 学習理論にもたらした知見 ─────────────── 165

索　引 ────────────────────────── 171

〜本書の道案内〜

本書は1章から5章までで構成されているが，どの章から読み始めてもよい．1章は基礎知識であり，2章と3章は数理と理論の章であり，4章と5章は俯瞰と実践の章であるが，ある章を読むときにそれよりも前の章が必要になるということはない．

ランダム行列に関して学びたいことや理解したいことは読者により異なると思う．以下に本書の各章の内容と主要な法則を紹介するので，読者には求めているものに応じて適切な章から読み始めて頂きたい．

各章の内容

まず各章の内容を紹介しよう．

(1) **第1章では，ランダム行列の定義を知るために必要最小限の基礎について紹介する**．大学の理工系学部の初年度に開講されている講義で行列，微分積分，基礎確率について学びランダム行列にすでに出会ったことがある読者は，第1章はスキップしてよい．

(2) **第2章では，ランダム行列において成り立つ法則に関して数学的な構造と物理学的な普遍性を紹介する**．どのような条件を満たすランダム行列が，どのような法則に従うのだろうか．その法則はどのくらい一般的な行列に関して成り立つのだろうか．法則が成り立たないことがあるとすればどのような場合だろうか．第2章ではこのような問題を考察する．ランダム行列が従う定理の証明法にはいくつかの方法があるが，ここではランダム行列の普遍性を扱うために適切であると考えられるモーメントを用いる方法について紹介する．この方法は確率分布の収束を考えるときの基盤となるものだからである．ランダム行列の数理を求める読者は第2章を読まれるとよい．

(3) **第3章では，主成分分析の例からスタートして統計力学でつくられた理論を紹介する**．ランダム行列の理論においては確率的な行列から定まる確率分布の性質を考察するために2重の確率を扱う必要があるが，これはランダムな相互作用から定まる熱平衡状態の性質を調べることと等価であり，統計力

学でつくられてきたレプリカ法が新しい理解と視点を与える．また近年での新しい発展についても紹介し，ハリスチャンドラ–イチクソン–ズバー積分を用いる方法についても述べる．ランダム行列について理論物理学の方法を求める読者は第3章を読まれるとよい．

(4) **第4章では，ランダム行列の研究の歴史，現在の研究の広がり，そして将来への発展について総合的に解説する**．この章では，ランダム行列の起源，統計学，原子核物理学，通信理論，ファイナンス理論，学習理論への応用を紹介する．また未来への展開として自由確率論について述べる．ランダム行列の過去・現在・未来について俯瞰的に知りたい読者には第4章から読み始めることをお奨めする．

(5) **第5章では，ランダム行列の統計学と学習理論への応用を紹介する**．ランダム行列の理論を用いることで，最尤法，ベイズ法，変分ベイズ法などの統計的推測の方法が精度の点でどのような挙動をもつかを明確にすることができる．統計学および学習理論における様々な推測の方法を主義や信念や教条によって比較していたのは昔のことである．今日では，ある方法をある条件下で用いた場合の精度を理論的に調べて解明することができる．ランダム行列の理論の役立ち方を学びたい読者は第5章を読まれるとよい．

ランダム行列の主要な法則名

次に，本書を通じて何度か現れる主役ともいうべきランダム行列の法則の名前と意味を紹介しよう．

(1) **ウィグナーの半円則**．行と列の数が同じ正方行列で要素が実数の対称行列についての法則である．行列のサイズが無限に大きくなるとき，固有値の分布が半円になる．各章では次のように登場する．

- 第1章1.1節でランダム行列の導入として紹介される．
- 第2章2.3節でモーメントを用いた方法で説明される．
- 第3章3.3節でレプリカ法を用いた解析法が示される．
- 第4章4.3節で定理とそれに関連して証明されている研究成果が説明される．
- 第5章5.1節でウィシャート行列の固有値の分布への応用が示される．

(2) マルチェンコーパスツール則. 行と列の数が一般には異なる実数を要素とする行列の積についての法則である. 応用上で役立つことが多い. 各章では次のように登場する.

- 第 2 章 2.4 節で**モーメントを用いた方法**で説明される.
- 第 3 章 3.3 節で**レプリカ法を用いた解析法**が説明される.
- 第 4 章 4.3 節で**定理とそれに関連して証明されている研究成果**が説明される.
- 第 5 章 5.1 節で**ウィシャート行列の固有値の分布への応用**が示される.

(3) 円則・楕円則. 要素が実数の正方行列で対称ではない行列についての法則である. この場合には固有値は複素数になるので固有値の分布も複素平面上にあり, 円や楕円になる. 各章では次のように登場する.

- 第 2 章 2.5 節で**モーメントを用いた方法**で説明される.
- 第 4 章 4.3 節で**定理とそれに関連して証明されている研究成果**が説明される.

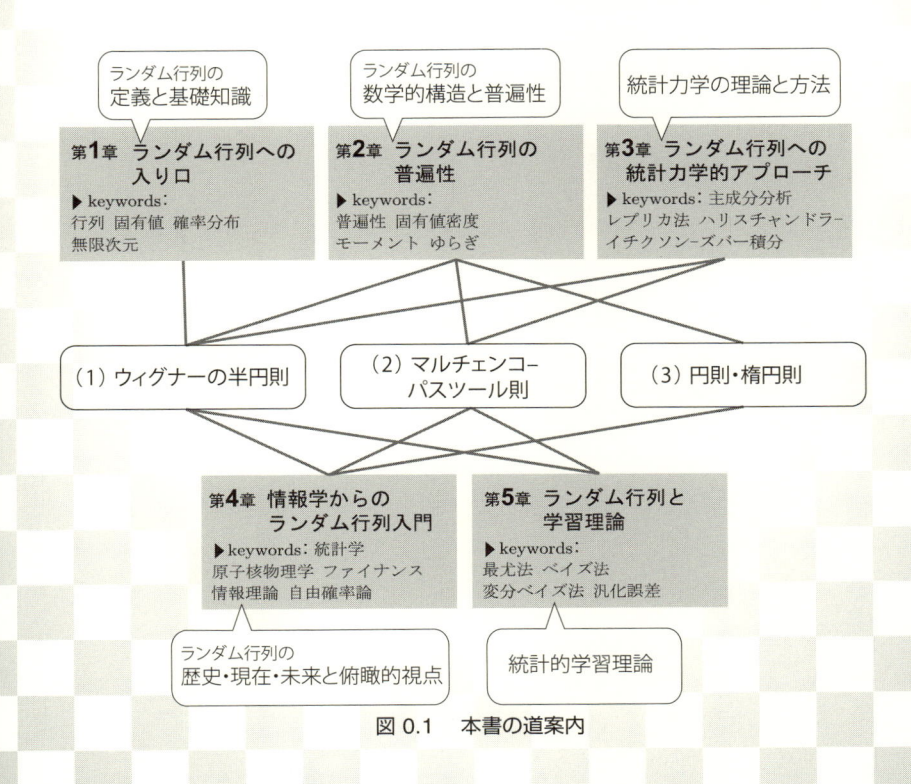

図 0.1 本書の道案内

図 0.1 に上記の 3 法則と各章の関係を示した．各章で現れる法則の説明についてはその章における説明の流れを大切にし，他の章と重複があったとしても，その章の言葉での自然な説明を行うようにした．各章はどの章からでも独立に読むことができるが，上記の 3 法則が現れる場所ではそれぞれ独立したストーリーが異なる方向から進んできて，同じ法則に出会い，また異なる方向へと展開されていくことになる．すなわち，同じ法則について説明されていたとしても，各章ごとに法則のもつ意義と役割は異なるのである．その複合の様子からランダム行列の世界の広がりを知っていただければ幸いである．

第1章
ランダム行列への入り口

1.1 ランダム行列とは

　ランダム行列は数学においても科学においても極めて多くの分野とつながりをもっているため，初めてランダム行列に出会う人にとっては，全体像が複雑すぎて何から始めたらよいかわからないという面があるように思われる．

　そこで，第1章では初めてランダム行列に出会う人が最小限の基礎だけでわかるランダム行列の法則をできるだけ具体的に紹介することにする．冒頭でも述べたようにここでは基本的なことのみを説明するので，ランダム行列にすでに出会ったことがある読者は第1章はスキップしてよい．

　第1章で説明する内容を記そう．この 1.1 節ではランダム行列の法則とは何かの概略を説明する．1.2 節では行列と確率についての復習を行う．固有値や確率変数という言葉を忘れてしまった読者は 1.2 節を復習してほしい．1.3 節では 2×2 行列の場合の固有値の分布の計算法を述べる．1.4 節では一般の大きさの場合に拡張し，1.5 節では無限次元への極限を考え，その解がある積分方程式の解になっていることを示す．1.6 節では積分方程式の解が一つだけ存在することを明らかにする．1.7 節では典型的な応用の例を述べる．

　それではランダム行列について考えていこう．第1章では $N\times N$ の実対称行列に限定して考える．すなわち

$$S = \begin{pmatrix} s_{11} & s_{12} & \cdots & s_{1N} \\ s_{21} & s_{22} & \cdots & s_{2N} \\ \vdots & \vdots & \ddots & \vdots \\ s_{N1} & s_{N2} & \cdots & s_{NN} \end{pmatrix} \qquad (1.1)$$

において，各要素が実数で $s_{ij} = s_{ji}$ が成り立つ場合を考える．行列の要素 s_{ij} が正規分布に従う確率変数であるとき，S の固有値はどのような確率分布に従っているだろうか．またこの問題の背後にどのような数学的構造があるだろうか．

第 1 章では説明を簡単にするため，次の 3 条件のもとで考えることにする．

- （条件 1）対角成分 s_{ii} は平均 0 分散 2 の正規分布に従う．
- （条件 2）非対角成分 s_{ij} $(i<j)$ は平均 0 分散 1 の正規分布に従う．
- （条件 3）$\{s_{ii}, s_{ij}\,;\, i=1,2,\ldots,N,\ j=2,3,\ldots,N,\ (i<j)\}$ は独立である．

以上の条件のもとで，第 1 章では次のことを示そう．

(1) $\{s_{ij}\}$ の確率密度関数は

$$p(\{s_{ij}\}) = C\exp\left(-\frac{1}{4}\mathrm{tr}(S^2)\right)$$

である．ここで C は全積分が 1 になるための定数である．

(2) S の固有値の集合を $\{\lambda_1, \lambda_2, \ldots, \lambda_N\}$ とするとその同時確率密度関数は

$$p(\lambda_1, \ldots, \lambda_N) = C'\exp\left(-\frac{1}{4}\sum_{i=1}^{N}(\lambda_i)^2\right)\prod_{i<j}|\lambda_i - \lambda_j|$$

である．ここで C' は全積分が 1 になるための定数である．

(3) 与えられた関数 $\varphi(x)$ について，S の固有値の集合を $\{\lambda_1, \lambda_2, \ldots, \lambda_N\}$ とすると，$N \to \infty$ の極限において

$$\frac{1}{N}\sum_{i=1}^{N}\varphi\left(\frac{\lambda_i}{\sqrt{N}}\right) \to \frac{1}{2\pi}\int_{-2}^{2}\varphi(x)\sqrt{4-x^2}\,dx \qquad (1.2)$$

が成り立つ．

この式 (1.2) の右辺の $\sqrt{4-x^2}$ が半円の形をしていることから，この法則を

ウィグナーの半円則という [8]．式 (1.2) はディラックのデルタ関数 $\delta(x)$ を用いると，確率分布の収束

$$\frac{1}{N}\sum_{i=1}^{N}\delta\left(x-\frac{\lambda_i}{\sqrt{N}}\right)\to\frac{\sqrt{4-x^2}}{2\pi}$$

が成り立つということを述べている．これは「確率分布の収束」であるが，確率分布そのものが確率的であって，「確率分布が確率的に収束していく」という意味で 2 重の確率の問題になっていることに注意しよう．

収束の様子について計算機実験の例をあげよう．図 1.1 では，正規分布に従う擬似乱数を用いて 120×120 の確率変数についての試行を行い，(1,1) 成分に近い方から $N\times N$ の行列を切り出して，それぞれの行列の固有値の分布を表示している．図 1.1 の (a)～(f) は，それぞれ，$N=20,40,60,80,100,120$ の場合に対応する．各 N について固有値の個数は N と等しい．各図において，横軸は区間 $[-4,4]$ を 20 個の小区間に分けたもので，縦軸は各小区間に入った固有値の個数を全個数で割り算したヒストグラムとして示している．N の増加につれて，分布の形が半円に近づいていく様子がわかる．この図は，試行の結果たまたま発生された 120×120 の大きさの行列から計算されたものであり，試行の結果として異なる行列が発生されるとそのときの図は確率的に異なるものになることに注意しよう．確率分布が確率的に変動しているのであり，我々

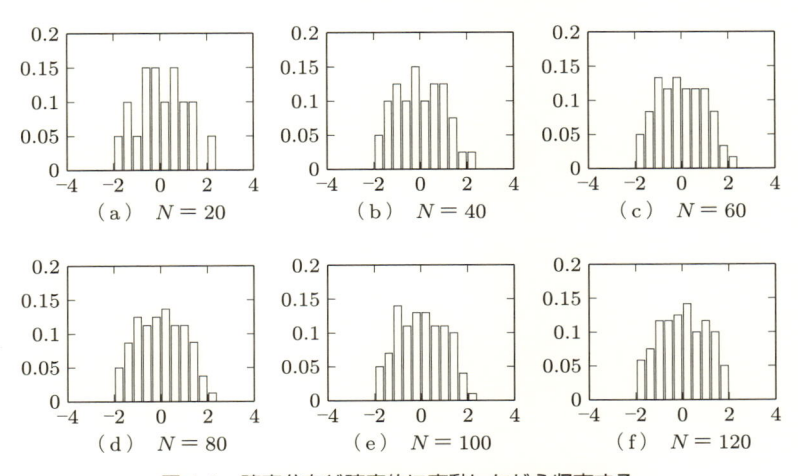

図 1.1　確率分布が確率的に変動しながら収束する．

はその収束を考えたいのである．

第 1 章では，実対称行列を例にして，上記のことを理解するために必要な数理科学的な基礎を，できるだけ少ない数理的な概念を用いて説明する．さらに進んで数理と科学を学びたい読者のための道しるべとして「発展」の項目をつくるが，「発展」に書かれていることは本書を読む上では必ずしも必要ではないので，理解できないことが書いてあったとしても気にしないでどんどん読み進めていただきたい．また初めて読むときには，「発展」の項目はスキップしてよい．

発展 1.1 ランダム行列は確率変数を要素にもつ行列であるから，その固有値もまた確率変数である．結論の式 (1.2) は，関数 $\varphi(x)$ が与えられたとき，実数あるいは複素数の確率変数

$$A_N \equiv \frac{1}{N} \sum_{i=1}^{N} \varphi\Big(\frac{\lambda_i}{\sqrt{N}}\Big)$$

が，定積分によって書かれる実数あるいは複素数の定数

$$a \equiv \frac{1}{2\pi} \int_{-2}^{2} \varphi(x) \sqrt{4-x^2}\, dx$$

に収束するということを意味している．本書を読む上では，この収束「$A_N \to a$」の意味は直感的に理解していただいてかまわないが，この法則を利用する人に「収束する」という意味を説明しておくことにする．

(1) まず，実数 x から複素数への関数 $\varphi(x)$ は，有界連続関数であればどんなものでもよい．すなわち $\varphi(x)$ が連続関数であり，かつ

$$\sup_{x} |\varphi(x)| < \infty$$

が成り立てばよい．

(2) 我々は無限に大きい行列を考える．無限に大きい行列において $(1,1)$ 要素に近い方から任意の N について $N \times N$ の正方行列を切り出したときに（条件 1）（条件 2）（条件 3）が満たされている場合を考えるのである．この無限に大きい行列を**無限ウィグナー行列**という．無限に大きな行列あるいはその確率分布を考えてもよいのか，それはユニークに定まるのかということを心配する人もあると思う．上記の 3 条件の場合にはそれは数学的に大丈夫であることが知られている．

(3) さて，無限ウィグナー行列は 1 個の確率変数であって，これについて 1 回の試

行を行うと無限に大きな行列が一つ確定する．サイコロを振るという試行をするとサイコロの目が出るように，無限ウィグナー行列について試行すると，無限に大きな行列が一つ定まるのである．その確定した行列から切り出した $N \times N$ の行列について A_N を計算することを，各 N について行うと，次の無限数列が得られる．

$$(A_1, A_2, \ldots, A_N, \ldots)$$

1 回の試行で無限に大きい行列が一つ確定すると，この無限数列も一つに確定する．確定した数列は普通の数列であるから，通常の収束の問題として考えることができる．つまり

$$命題：\lim_{N \to \infty} A_N = a$$

は成り立つか，成り立たないか，のいずれかであり，無限ウィグナー分布について試行を行うたびに成り立ったり成り立たなかったりすることになる．そこでこの命題が成り立つ確率を考える．この確率が定義できることも知られている．その確率の値は無限ウィグナー行列の性質から定まるはずであるが，それはどのくらいであるか，という問いかけをすることができるのである．

（4）以上の設定の上で，式 (1.2) は，正確には次のことを述べている．

『上記の命題が成り立つ確率は 1 である．』

ランダム行列の固有値に関する収束「$A_N \to a$」は，このような意味である．このことを「確率変数の列 $\{A_N\}$ は定数 a に概収束する」という．

（5）計算機でシミュレーションを行うときは無限に大きな行列は発生できないので十分に大きな行列を発生して，そこから $N \times N$ の行列を切り出すことになる．

1.2 行列と確率の復習

ここでは行列と確率について基本的なことのうち，本書を読む際に必要になることを復習する．線形代数と初等確率論を習ったことがある読者はこの節はスキップしてよい．

1.2.1 行列の復習

まず，行列について復習しよう．

（1）N を自然数とする．本書で考える行列は主として要素が実数か複素数で

ある．$N \times N$ 行列

$$A = \begin{pmatrix} a_{11} & a_{12} & \cdots & a_{1N} \\ a_{21} & a_{22} & \cdots & a_{2N} \\ \vdots & \vdots & \ddots & \vdots \\ a_{N1} & a_{N2} & \cdots & a_{NN} \end{pmatrix}$$

を $A = (a_{ij})$ と書く．一般の行列は，大きさが $M \times N$ であり，この行列のように行と列の個数が同じ行列のことを**正方行列**という．

(2) 正方行列 A, B について

$$AB = BA$$

が成り立つとき A と B は**可換**であるという．A と B が可換になるのは特別な場合で，一般には二つの行列の積は可換ではない．

(3) 対角成分だけが 1 で，それ以外の成分がすべて 0 である行列

$$I = \begin{pmatrix} 1 & 0 & \cdots & 0 \\ 0 & 1 & \cdots & 0 \\ \vdots & \vdots & \ddots & \vdots \\ 0 & 0 & \cdots & 1 \end{pmatrix}$$

を**単位行列**という．本によっては単位行列を E で書くものもある．任意の正方行列 A について

$$AI = IA = A$$

が成り立つ．また

$$A^{-1}A = AA^{-1} = I$$

が成り立つ行列 A^{-1} が存在するとき，A を可逆であるといい，A^{-1} を A の**逆行列**という．

(4) 正方行列 A の行列式 $\det(A)$ を

$$\det(A) = \sum_{\sigma \in S_n} \mathrm{sgn}(\sigma) A_{1\sigma(1)} A_{2\sigma(2)} \cdots A_{N\sigma(N)}$$

と定義する．ここで σ は写像

$$\sigma : \{1, 2, \ldots, n\} \to \{1, 2, \ldots, n\}$$

で全単射のものである．そのような σ は集合 $\{1, 2, \ldots, n\}$ の置換と呼ばれる．S_n は置換全体の集合であり，S_n の要素数は $n!$ 個である．任意の置換は集合内の二つの要素の入れ換え（互換）の有限回の繰り返しで実現できるが，ある置換について互換の繰り返し数が偶数になるか奇数になるかは互換の選び方によらない．偶数になるとき偶置換といい $\mathrm{sgn}(\sigma) = 1$ とし，奇数になるとき奇置換といい $\mathrm{sgn}(\sigma) = -1$ とする．ある正方行列 A について $\det(A) \neq 0$ と A^{-1} が存在することは同値である．また任意の正方行列 A, B について

$$\det(AB) = (\det(A))(\det(B)) = \det(BA)$$

が成り立つ．

(5) $N \times N$ の正方行列 A のトレース $\mathrm{tr}(A)$ を

$$\mathrm{tr}(A) = \sum_{i=1}^{N} A_{ii}$$

と定義する．任意の正方行列 A, B について

$$\mathrm{tr}(AB) = \mathrm{tr}(BA)$$

が成り立つ．

(6) 正方行列 A が与えられたとき，あるベクトル v (ゼロベクトルでない)

$$v = \begin{pmatrix} v_1 \\ v_2 \\ \vdots \\ v_N \end{pmatrix}$$

と複素数 λ が存在して

$$Av = \lambda v$$

が成り立つとき，λ を A の**固有値**といい，v を**固有ベクトル**という．λ が A の固有値であることと

$$\det(A - \lambda I) = 0$$

が成り立つことは同値である．A が $N \times N$ 行列のとき，$\det(A - \lambda I)$ は λ について N 次多項式であるから，代数学の基本定理から，任意の $N \times N$ 行列は，重複度も含めて（複素数の範囲で）必ず N 個の固有値をもっている．なお，A の要素がすべて実数であっても固有値は実数であるとは限らない．

（7）正方行列 A が与えられたとき，ある可逆な行列 B が存在して

$$B^{-1}AB = \begin{pmatrix} \lambda_1 & 0 & \cdots & 0 \\ 0 & \lambda_2 & \cdots & 0 \\ \vdots & \vdots & \ddots & \vdots \\ 0 & 0 & \cdots & \lambda_N \end{pmatrix}$$

とできるとき，A を**対角化可能**である，あるいは A は B で対角化できるといい，$B^{-1}AB$ を A の対角化であるという．一般の正方行列については対角化できるとは限らない．例えば

$$\begin{pmatrix} 1 & 1 \\ 0 & 1 \end{pmatrix}$$

はどんな行列 B を用いても対角化できない．A が B で対角化できるとき $\lambda_1, \lambda_2, \ldots, \lambda_N$ は A の固有値であり，行列 B のなかの縦ベクトルは A の固有ベクトルになっている．

（8）正方行列 $A = (a_{ij})$ が与えられたとき，(i, j) 要素が a_{ji} の行列を A の**転置行列**といい，A^{T} と書く（転置行列は A^t，${}^t A$，${}^{\mathrm{T}} A$ と書かれる場合もある）．任意の正方行列 A について $\det(A^{\mathrm{T}}) = \det(A)$，$\mathrm{tr}(A^{\mathrm{T}}) = \mathrm{tr}(A)$ が成り立つ．正方行列 A の要素がすべて実数で $A^{\mathrm{T}} = A$ が成り立つとき，A を**実対称行列**という．実対称行列の固有値はすべて実数である．また正方行列 R の要素がすべて実数で $R^{\mathrm{T}}R = RR^{\mathrm{T}} = I$ を満たすとき，R を**実直交行列**という．任意の実対称行列 A に対してある実直交行列 R が存在して，A は R で対角化できることが知られている．任意の実直交行列 R の固有値は

一般に複素数であるが絶対値は 1 である．したがって $|\det(R)| = 1$ である．
N 次元実ベクトル $v = (v_i)$ の**標準ノルム**を

$$\|v\| = \left(\sum_i |v_i|^2\right)^{1/2}$$

と定義する．R が実直交行列であれば任意の実ベクトル v について $\|Rv\| = \|v\|$ である．正方行列 R の要素がすべて実数であり，任意の実ベクトル v について $\|Rv\| = \|v\|$ が成り立つとき，R は実直交行列である．正方行列 $A = (a_{ij})$ のノルムを

$$\|A\| = \left(\sum_{i=1}^N \sum_{j=1}^N |A_{ij}|^2\right)^{1/2}$$

と定義する．$\|A^\mathrm{T}\| = \|A\|$ である．R が実直交行列のとき，任意の正方行列 A について $\|RA\| = \|R^\mathrm{T}A\| = \|A\|$ である．

(9) 正方行列 A の要素 a_{ij} が複素数であるとき，a_{ij} の複素共役 $\bar{a}_{ij}$ を要素とする行列を $\bar{A}$ と書く．また行列 $(\bar{A})^\mathrm{T}$ を A の共役行列といい，A^* と書く．$A^* = A$ が成り立つとき，A を**自己共役行列**であるという．また $U^*U = UU^* = I$ が成り立つとき，U を**ユニタリ行列**であるという．実対称行列は自己共役行列であり，実直交行列はユニタリ行列である．任意の自己共役行列 A に対してあるユニタリ行列 U が存在して，A は U で対角化できることが知られている．自己共役行列の固有値はすべて実数である．任意のユニタリ行列 U に対してあるユニタリ行列 V が存在して，U は V で対角化できることが知られている．U の固有値はすべて絶対値が 1 である．すなわち，U の固有値が z であるとき，$|z| = 1$ が成り立つ．したがって $|\det(U)| = 1$ である．

1.2.2 確率の復習

次に初等確率論について本書で必要となる部分を述べる．

(1) 実ユークリッド空間 $\mathbb{R}^N$ 上に定義された関数 $p(x_1, x_2, \ldots, x_N)$ が，任意の $(x_1, x_2, \ldots, x_N)$ について

$$p(x_1, x_2, \ldots, x_N) \geq 0$$

を満たし，また積分可能な関数であって

$$\int p(x_1, x_2, \ldots, x_N) dx_1 dx_2 \cdots dx_N = 1$$

が成り立つならば，$p(x_1, x_2, \ldots, x_N)$ を **確率密度関数** という．

(2) 実ユークリッド空間 $\mathbb{R}^N$ 上を確率的に変動する値 X が開集合 $U \subset \mathbb{R}^N$ 内に値をとる確率 $P(X \in U)$ が，ある確率密度関数 $p(x_1, x_2, \ldots, x_N)$ を用いた積分で

$$P(X \in U) = \int_U p(x_1, x_2, \ldots, x_N) dx_1 dx_2 \cdots dx_N$$

と書けるとき，X を $\mathbb{R}^N$ に値をとる **確率変数** といい，$p(x_1, x_2, \ldots, x_N)$ を X の確率密度関数という．

(3) $X = (X_1, X_2, \ldots, X_N)$ が $\mathbb{R}^N$ に値をとる確率変数であり，$p(x_1, x_2, \ldots, x_N)$ をその確率密度関数とする．$0 < M < N$ のとき

$$p(x_1, \ldots, x_M) = \int p(x_1, x_2, \ldots, x_N) dx_{M+1} dx_{M+2} \cdots dx_N$$

は，確率変数 $(X_1, X_2, \ldots, X_M)$ の確率密度関数になる．これを **周辺確率密度関数** という．

(4) $\mathbb{R}^N$ に値をとる確率変数 X の確率密度関数が $p(x_1, x_2, \ldots, x_N)$ であるとする．1対1で微分可能な関数 $f(x)$ が与えられたとき，$Y = f(X)$ と定義すると Y は確率変数であり，その確率密度関数は

$$p(y_1, y_2, \ldots, y_N) = \left| \frac{\partial(y_1, y_2, \ldots, y_N)}{\partial(x_1, x_2, \ldots, x_N)} \right| p(x_1, x_2, \ldots, x_N)$$

である．ここで $N \times N$ 行列である

$$\frac{\partial(y_1, y_2, \ldots, y_N)}{\partial(x_1, x_2, \ldots, x_N)} = \left((i,j) \text{ 成分が } \frac{\partial y_i}{\partial x_j} \text{ の行列} \right)$$

は **ヤコービ行列** であり，$|\ |$ はその行列式の絶対値を表している．

(5) ディラックのデルタ関数 $\delta(x)$ を，

$$\delta(x) = \begin{cases} \infty & (x=0) \\ 0 & (x \neq 0) \end{cases}$$

であり，任意の連続関数 $f(x)$ について

$$\int f(x)\delta(x)dx = f(0)$$

を満たすものとして定義する．この関数は通常の意味での関数ではないが，常に $X=0$ となる確率変数の確率密度関数であると考えてよい．また $\delta(x)$ を含む積分では，積分の変数変換・部分積分は通常の関数と同じように扱うことができると定義する．関係式

$$\delta(x) = \frac{1}{2\pi}\int_{-\infty}^{\infty}e^{ikx}dk$$
$$\delta(x) = \lim_{\epsilon \to 0}\frac{1}{2\pi i}\left(\frac{1}{x-i\epsilon} - \frac{1}{x+i\epsilon}\right)$$

などはたいへん有用である．

発展 1.2 (1) 上記では「確率変数」を確率的に変動する値と述べたのであるが，「確率的に変動する」とはどのようなことかがわかりにくいと感じる読者もあることだろう．初等確率論では確率変数についての理解は読者の直感に委ねられているのである．将来，読者が測度論にもとづいた確率論を学ぶとき曖昧性のない確率変数の定義を知ることができるであろう．
(2) 本書では，確率密度関数としてデルタ関数のような関数も含むものと考えることにする．本によってはこれを「一般化確率密度関数」と呼ぶものもある．関数 $p(x)$ をこの意味の一般化確率密度関数とする．集合 A を $\mathbb{R}^N$ の部分集合とするとき，A から確率への関数

$$P(A) = \int_A p(x)dx$$

のことを **確率分布** という．ここで A としては上記の積分を行うことができる部分集合に限定して考える．
(3) 今日ではデルタ関数を普通の関数と同じように扱うための数学的な理論として超関数論が整備されている．超関数の空間は関数の空間であるが，その無限操作を x についての微分や積分と順序が交換できるものとして定義する．デルタ関数はたいへん有用な関数である．例えば $y = f(x)$ であれば，x の確率密度関数 $p(x)$ から y の確

率密度関数 $p(y)$ は

$$p(y) = \int \delta(y - f(x))p(x)dx$$

と書ける．この式は $f(x)$ が 1 対 1 関数でなくても成り立つ．

1.3 ランダム行列への準備

1.3.1 基礎となる確率

基礎事項の復習ができたので，ランダム行列の固有値の分布について考察を始めよう．まずランダムな実対称行列 S の確率密度関数を求めよう．

平均 0 で分散が σ^2 の正規分布の確率密度関数は

$$p(x) = \frac{1}{\sqrt{2\pi\sigma^2}} \exp\left(-\frac{x^2}{2\sigma^2}\right) \tag{1.3}$$

である．しばしば

$$p(x) = N(0, \sigma^2)$$

という表記が用いられる．なお，分散を σ^2 ではなく，σ で表すこともある．

実対称行列 S が（条件1）（条件2）（条件3）を満たすとき，s_{ii}, s_{ij} $(i \neq j)$ はそれぞれ平均が 0 で分散が 2 および 1 の正規分布に従うから，

$$\{s_{ij}\} = \{s_{ij}\,;\,i \leq j\}$$

の確率密度関数は

$$p(\{s_{ij}\}) = C \exp\left(-\frac{1}{4}\sum_{i=1}^{N}(s_{ii})^2 - \frac{1}{2}\sum_{i<j}(s_{ij})^2\right)$$

である．ここで C は $\{s_{ij}\}$ についての積分が 1 になるための定数である．これを $i > j$ のものも含めた和で表すと $s_{ij} = s_{ji}$ であるから

$$p(\{s_{ij}\}) = C \exp\left(-\frac{1}{4}\sum_{i,j=1}^{N}(s_{ij})^2\right)$$

である．さらに

$$\mathrm{tr}(S^2) = \sum_{i=1}^{N}\Bigl(\sum_{j=1}^{N} s_{ij}s_{ji}\Bigr) = \sum_{i,j=1}^{N}(s_{ij})^2$$

であることを用いると

$$p(\{s_{ij}\}) = C\exp\Bigl(-\frac{1}{4}\mathrm{tr}(S^2)\Bigr)$$

と書くことができる．以下では，実対称行列 S がこの確率密度関数に従う確率変数であるとき，その固有値の確率密度関数がどうなるかについて見ていく．

1.3.2　2次元の例

行列の固有値の確率密度関数に初めて出会う読者が実感をつかむことができるように，準備として 2 次元の例を計算してみよう．実数を要素とする次の 2×2 行列を考える．

$$S = \begin{pmatrix} x & y \\ y & z \end{pmatrix}$$

これは実対称行列である．したがって固有値はすべて実数である．x, y, z が確率密度関数 $p(x, y, z)$ で表される確率分布に従うとき，S の固有値は，どのような確率分布に従っているだろうか．S は 2×2 の行列なので固有値は二つである．固有値を λ_1, λ_2 として $\lambda_1 \geq \lambda_2$ を満たすものとする．固有値は λ についての 2 次方程式

$$\det(S - \lambda I) = 0$$

の解である．すなわち

$$\lambda^2 - (x+z)\lambda + (xz - y^2) = 0$$

の解である．解が重複しているときは $\lambda_1 = \lambda_2$ である．2 次方程式の解の公式を用いると

$$\lambda_1 = \frac{1}{2}\Bigl(x + z + \sqrt{(x-z)^2 + 4y^2}\Bigr) \tag{1.4}$$

$$\lambda_2 = \frac{1}{2}\left(x + z - \sqrt{(x-z)^2 + 4y^2}\right) \tag{1.5}$$

であることがわかる．この式を用いて (x, y, z) の確率分布から (λ_1, λ_2) の確率分布を導出できればよいのであるが，この式を見る限りではそれは容易ではないように思われる．

そこで行列 S の対角化を再考することにしよう．S は実対称行列であるから，ある直交行列を用いて対角化できるが，具体的には次のように行うことができることが知られている．

$$\begin{pmatrix} x & y \\ y & z \end{pmatrix} = \begin{pmatrix} \cos\theta & -\sin\theta \\ \sin\theta & \cos\theta \end{pmatrix} \begin{pmatrix} \lambda_1 & 0 \\ 0 & \lambda_2 \end{pmatrix} \begin{pmatrix} \cos\theta & \sin\theta \\ -\sin\theta & \cos\theta \end{pmatrix} \tag{1.6}$$

ここで

$$R(\theta) = \begin{pmatrix} \cos\theta & -\sin\theta \\ \sin\theta & \cos\theta \end{pmatrix}$$

とおくと $R(\theta)^{\mathrm{T}} R(\theta) = I$ が成り立つから，$R(\theta)$ は確かに直交行列である．なぜ対称行列 S が式 (1.6) のように対角化できるかについては次節で説明する．行列の掛け算を実行すると

$$x = \frac{1}{2}\Big((\lambda_1 - \lambda_2)\cos(2\theta) + \lambda_1 + \lambda_2\Big)$$
$$y = \frac{1}{2}(\lambda_1 - \lambda_2)\sin(2\theta)$$
$$z = \frac{1}{2}\Big(-(\lambda_1 - \lambda_2)\cos(2\theta) + \lambda_1 + \lambda_2\Big)$$

である．この写像 h を

$$(x, y, z) = h(\lambda_1, \lambda_2, \theta)$$

と定義するとき，(x, y, z) と $(\lambda_1, \lambda_2, \theta)$ が適切に対応しているかどうかを確認しよう．二つの集合を

$$A = \{(\lambda_1, \lambda_2, \theta) \in \mathbb{R}^3 \,;\, \lambda_1 > \lambda_2, \ 0 \leq \theta < \pi\}$$
$$B = \{(x, y, z) \in \mathbb{R}^3 \,;\, (x-z)^2 + 4y^2 \neq 0\}$$

とする．このとき $h: A \to B$ は全単射である．実際，$(x,y,z) \in B$ に対して式 (1.4), (1.5) と上式から導出される

$$\cos(2\theta) = \frac{x-z}{\sqrt{(x-z)^2 + 4y^2}}$$
$$\sin(2\theta) = \frac{2y}{\sqrt{(x-z)^2 + 4y^2}}$$

により，任意の $(x,y,z) \in B$ について $(x,y,z) = h(\lambda_1, \lambda_2, \theta)$ を満たす $(\lambda_1, \lambda_2, \theta) \in A$ がただ一つ存在することがわかる．

さて (x,y,z) が確率密度関数 $p(x,y,z)$ に従うとき $(\lambda_1, \lambda_2, \theta)$ がどのような確率密度関数に従うかを考えてみよう．積分要素の関係は

$$dxdydz = \left| \frac{\partial(x,y,z)}{\partial(\lambda_1, \lambda_2, \theta)} \right| d\lambda_1 d\lambda_2 d\theta$$

である．ここでヤコービ行列は

$$\frac{\partial(x,y,z)}{\partial(\lambda_1, \lambda_2, \theta)} = \begin{pmatrix} \dfrac{\partial x}{\partial \lambda_1} & \dfrac{\partial x}{\partial \lambda_2} & \dfrac{\partial x}{\partial \theta} \\ \dfrac{\partial y}{\partial \lambda_1} & \dfrac{\partial y}{\partial \lambda_2} & \dfrac{\partial y}{\partial \theta} \\ \dfrac{\partial z}{\partial \lambda_1} & \dfrac{\partial z}{\partial \lambda_2} & \dfrac{\partial z}{\partial \theta} \end{pmatrix}$$

であるが，これを計算すると次の行列になる．

$$\begin{pmatrix} \dfrac{1}{2}(\cos(2\theta)+1) & \dfrac{1}{2}(-\cos(2\theta)+1) & -(\lambda_1-\lambda_2)\sin(2\theta) \\ \dfrac{1}{2}\sin(2\theta) & -\dfrac{1}{2}\sin(2\theta) & (\lambda_1-\lambda_2)\cos(2\theta) \\ \dfrac{1}{2}(-\cos(2\theta)+1) & \dfrac{1}{2}(\cos(2\theta)+1) & (\lambda_1-\lambda_2)\sin(2\theta) \end{pmatrix}$$

最後の列に $(\lambda_1 - \lambda_2)$ が共通の因子として現れていることに注意しよう．この行列の行列式を計算して絶対値をとると $|\lambda_1 - \lambda_2|$ になるので

$$dxdydz = |\lambda_1 - \lambda_2| \, d\lambda_1 d\lambda_2 d\theta$$

であることがわかった．これより，θ については確率密度関数は一定値になる．後で示すようにこれは偶然ではない．積分可能な任意の関数 $f(x,y,z)$ につ

いて

$$\int f(x,y,z)dxdydz = \int_{\lambda_1 > \lambda_2} d\lambda_1 d\lambda_2 \int_0^\pi d\theta\, f(h(\lambda_1,\lambda_2,\theta))|\lambda_1 - \lambda_2|$$

が成り立つ．ここまでは $\lambda_1 > \lambda_2$ の積分領域を考えてきたが，$\lambda_1 < \lambda_2$ の領域での積分値は対称性から同じ値になるので，積分領域を 1 対 1 対応に限定しない場合には任意の積分可能な関数 $f(x,y,z)$ について

$$\int f(x,y,z)dxdydz = \frac{1}{2}\int_{-\infty}^{\infty} d\lambda_1 \int_{-\infty}^{\infty} d\lambda_2 \int_0^\theta d\theta\, f(h(\lambda_1,\lambda_2,\theta))|\lambda_1 - \lambda_2|$$

になる．なお，$x - z = y = 0$ を満たす (x,y,z) については，その集合上の積分はゼロになるので積分値を求めるときには考察から除いてよい．

以上でヤコービ行列の計算ができたので，次に対称行列 S が確率密度関数

$$p(x,y,z) = C\exp\left(-\frac{1}{4}\mathrm{tr}(S^2)\right)$$

に従うときを考えてみよう．

$$\mathrm{tr}(S^2) = x^2 + 2y^2 + z^2$$

であるから，式 (1.3) から

$$C = \frac{1}{(4\pi)^{1/2}(2\pi)^{1/2}(4\pi)^{1/2}} = \frac{1}{4\pi(2\pi)^{1/2}}$$

である．一方，

$$\mathrm{tr}(S^2) = (\lambda_1)^2 + (\lambda_2)^2$$

であるから

$$p(\lambda_1,\lambda_2,\theta) = \frac{C}{2}\exp\left(-\frac{(\lambda_1)^2 + (\lambda_2)^2}{4}\right)|\lambda_1 - \lambda_2|$$

である．これより (λ_1,λ_2) の分布は θ について積分することで得られ，

$$p(\lambda_1,\lambda_2) = \int_0^\pi p(\lambda_1,\lambda_2,\theta)d\theta$$

$$= \frac{1}{8(2\pi)^{1/2}} \exp\left(-\frac{(\lambda_1)^2 + (\lambda_2)^2}{4}\right)|\lambda_1 - \lambda_2|$$

となって，固有値の同時確率密度関数を求めることができた．固有値の確率密度関数は

$$p(x) = \frac{1}{2}\int (\delta(x-\lambda_1) + \delta(x-\lambda_2))p(\lambda_1,\lambda_2)d\lambda_1 d\lambda_2$$
$$= \int p(x,\lambda)d\lambda$$

で与えられる．同時確率密度関数 $p(\lambda_1, \lambda_2)$ と固有値の確率密度関数 $p(x)$ とを図 1.2 の (a)，(b) に示す．

(a) 同時確率密度　　(b) 固有値の確率密度関数

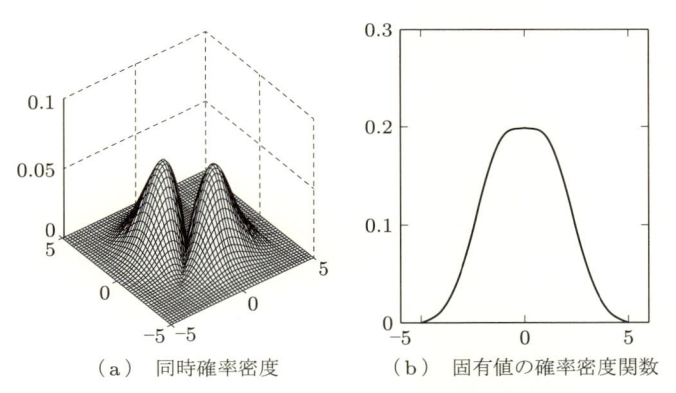

図 1.2　2 次元 ($N=2$) のときの (a) $p(\lambda_1, \lambda_2)$ と (b) $p(x)$．

1.4 有限次元行列の固有値分布

次に一般の次元の場合を考える．一般の次元では 2 次元の場合のように具体的な計算を行うことは難しいので，まず，準備を行おう．2 次元の場合に式 (1.6) であった行列の対角化の数学的な性質を十分に調べる必要がある．

■ 準備：実対称行列 S の変形

$N \times N$ の実対称行列 S を考える．ある実直交行列 R と対角行列 D が存在して

$$S = R^{\mathrm{T}} D R$$

とできる．ここで D は固有値を対角成分にもつ対角行列で，

$$D = \begin{pmatrix} \lambda_1 & 0 & \cdots & 0 \\ 0 & \lambda_2 & \cdots & 0 \\ \vdots & \vdots & \ddots & \vdots \\ 0 & 0 & \cdots & \lambda_N \end{pmatrix}$$

である．一般性を失うことなく

$$\lambda_1 \geq \lambda_2 \geq \cdots \geq \lambda_N$$

を仮定してよい．実対称行列が，実直交行列を用いてこのように対角化できることは線形代数の講義で標準的に紹介されることもあって，その事実は広く知られている．また，科学あるいは技術において現れる行列は実直交行列か自己共役行列であることが多いため，そうした分野で出会った読者も多いと思う．

一般に，実直交行列では異なる固有値に対応する固有ベクトルは直交することを示すことができる．このことを利用し，次元 N について数学的帰納法を用いると，実対称行列を対角化できることを証明できる．さて，我々は実対称行列が確率変数であるとき，その固有値の確率密度関数を求めたいのであるが，それにはもう少し詳しい解析が必要である．

要素がすべて実数で $L^{\mathrm{T}} + L = 0$ を満たす行列 L のことを**実反対称行列**という．L は次のように書ける．

$$L = \begin{pmatrix} 0 & l_{12} & \cdots & l_{1N} \\ -l_{12} & 0 & \cdots & l_{2N} \\ \vdots & \vdots & \ddots & \vdots \\ -l_{1N} & -l_{2N} & \cdots & 0 \end{pmatrix}$$

任意の実直交行列 R は，ある実反対称行列 L から定義される行列

$$e^L = \sum_{k=0}^{\infty} \frac{L^k}{k!} \tag{1.7}$$

と，ある対角行列

$$J = \begin{pmatrix} \pm 1 & 0 & \cdots & 0 \\ 0 & 1 & \cdots & 0 \\ \vdots & \vdots & \ddots & \vdots \\ 0 & 0 & \cdots & 1 \end{pmatrix}$$

を用いて

$$R = Je^L$$

と表すことができる（数学的な理由については発展1.3で述べる）．また

$$\det(e^L) = e^{\operatorname{tr}(L)} = 1$$

であることに注意しよう．e^L は

$$(e^L)^{\mathrm{T}} e^L = e^{-L} e^L = I$$

を満たすので実直交行列であるが，そのなかでもとくに行列式が1になるものである．J も D も対角行列であるから

$$JD = DJ$$

であり，さらに $J^2 = I$ から

$$\begin{aligned} S &= (Je^L)^{\mathrm{T}} D Je^L \\ &= (e^L)^{\mathrm{T}} J^{\mathrm{T}} D J e^L \\ &= e^{L^{\mathrm{T}}} D e^L \\ &= e^{-L} D e^L \end{aligned} \tag{1.8}$$

である．すなわち，任意の実対称行列 S は行列式が1の実直交行列 e^L を用いて対角化することができる．この式 (1.8) の2次元の場合の例が式 (1.6) である．

■ 一般次元の固有値分布

我々の目標は，実対称行列 S の確率分布から固有値の行列 D の確率分布を

求めることであったが，そのために上で導いた関係式 $S = e^{-L}De^L$ が利用できる．ここで，変数変換の際に必要なヤコビ行列を求める必要があるが，S や D を行列のままにしておくとヤコビ行列の計算が考えにくい．そこで以下では S と D をベクトルと見ることにし，そのための準備をしよう．表記が少し抽象的になるが縦と横に並んでいる行列を一列に並び替えてベクトルとして見るだけである．ベクトルと見ることでヤコビ行列の計算ができるのである．なお，この記述が抽象的でわかりにくいと感じる読者は，この後に書いてある「2 次元の場合の例」を先に読むと理解の助けになると思う．

まず，$N \times N$ の実対称行列 S 全体の集合を $\mathcal{S}(N)$ と書く．そのノルムを

$$\|S\|^2 = \sum_{i,j=1}^{N} (s_{ij})^2$$

と定義する．実直交行列 R によって定まる $\mathcal{S}(N)$ から $\mathcal{S}(N)$ への写像

$$S \mapsto R^{\mathrm{T}} S R$$

を考えると，この写像は線形写像であり，R が実直交行列であることから

$$\|R^{\mathrm{T}} S R\|^2 = \|S\|^2$$

が成り立つ．

さて，$\mathcal{S}(N)$ の要素は非対角成分の上半分の値と対角成分の値を自由にとりうるので，$\mathcal{S}(N)$ は $N(N+1)/2$ 次元の実線形空間（ベクトル空間）と見ることができる．$\mathcal{S}(N)$ の要素 S は行列であるが，これを $N(N+1)/2$ 次元のベクトルで表記し直したものを $\mathcal{F}(S)$ と書く．具体的には行列 $S = (s_{ij})$ に対してベクトル $\mathcal{F}(S)$ を

$$\mathcal{F}(S) = \begin{pmatrix} s_{11} \\ s_{22} \\ \vdots \\ s_{NN} \\ \sqrt{2}\, s_{12} \\ \sqrt{2}\, s_{13} \\ \vdots \\ \sqrt{2}\, s_{N-1\,N} \end{pmatrix}$$

1.4 ■ 有限次元行列の固有値分布

と定義する．このとき $S \mapsto \mathcal{F}(S)$ は全単射である．$\|\mathcal{F}(S)\| = \|S\|$ と定める．

$$\|\mathcal{F}(S)\|^2 = \sum_{i=1}^{n}(s_{ii})^2 + \sum_{i<j}(\sqrt{2}\,s_{ij})^2$$

である．このとき $\|\ \|$ は $N(N+1)/2$ 次元実ベクトル空間の標準ノルムと一致する．$\mathcal{F}(S)$ は $N(N+1)/2$ 次元のベクトルであるから，線形写像

$$\mathcal{F}(S) \mapsto \mathcal{F}(R^{\mathrm{T}}SR)$$

は $N(N+1)/2 \times N(N+1)/2$ 行列で表現できる．その行列は R によって定まるから $\mathcal{L}(R)$ と書くことにしよう．ベクトル $\mathcal{F}(S)$ をベクトル $\mathcal{F}(R^{\mathrm{T}}SR)$ に変換する行列が $\mathcal{L}(R)$ なのであるから

$$\mathcal{F}(R^{\mathrm{T}}SR) = \mathcal{L}(R)\mathcal{F}(S)$$

である．この定義からすぐに次の性質が導かれる．

(1) $N \times N$ の単位行列を I_N と書くと $\mathcal{L}(I_N) = I_{N(N+1)/2}$．
(2) 任意の実直交行列 R, R' について $\mathcal{L}(RR') = \mathcal{L}(R')\mathcal{L}(R)$．
(3) 任意の実直交行列 R と任意の実対称行列 S について $\|\mathcal{L}(R)\mathcal{F}(S)\|^2 = \|\mathcal{F}(S)\|^2$．

したがって，$\mathcal{L}(R)$ は $N(N+1)/2 \times N(N+1)/2$ の実直交行列であり，$|\det(\mathcal{L}(R))| = 1$ である．

以上で準備ができたので，固有値の分布を導出しよう．$S = e^{-L}De^{L}$ に現れる行列の変数を明示すれば

$$S = S(s_{11}, \ldots, s_{NN})$$
$$D = D(\lambda_1, \ldots, \lambda_N)$$
$$L = L(l_{12}, l_{13}, \ldots, l_{N-1\,N})$$

である．変数変換

$$\{\lambda_i, l_{ij}\} \mapsto \{s_{ij}\}$$

のヤコビ行列を求めることにする．ヤコビ行列を計算するためには変数間

の微分関係を調べればよいのであるが，微分関係は局所的な関係であるから，任意の点の近傍で計算ができれば十分である．そこで変数

$$l = (l_{12}, l_{13}, \ldots, l_{N-1\,N})$$

については，$\bar{l} = (\bar{l}_{ij})$ を任意に固定した定数とし $l = (l_{ij})$ を原点の近傍に値をとる変数として実直交行列 $R(\bar{l}, l)$ を

$$R(\bar{l}, l) = e^{L(l)}\, e^{L(\bar{l})}$$

と定義して，関係

$$S = R(\bar{l}, l)^{\mathrm{T}}\, D\, R(\bar{l}, l)$$

が成り立つときの局所的な変数 $\{s_{ij}\}, \{\lambda_i\}, \{l_{ij}\}$ の関係を考察する．

まず行列の空間で微分の性質を調べよう．

行列 L_{ij} を，(i,j) 成分が 1 で，(j,i) 成分が (-1) で，それ以外の成分がすべてゼロのものとする．L_{ij} は $N \times N$ の実反対称行列である．行列 L_{ij} の (-1) の成分を 1 に置き換えた行列を $|L|_{ij}$ と書く．また (i,i) 成分だけが 1 で，それ以外の成分がゼロの行列を $|L|_{ii}$ と書く．$|L|_{ij}$ と $|L|_{ii}$ は実対称行列である．まず

$$\begin{aligned}
\left.\frac{\partial}{\partial l_{ij}} R(\bar{l}, l)\right|_{l=0} &= \left(\frac{\partial}{\partial l_{ij}} e^{L(l)}\right)\bigg|_{l=0} e^{L(\bar{l})} \\
&= L_{ij}\, e^{L(\bar{l})}
\end{aligned} \tag{1.9}$$

である．以下 $L = L(\bar{l})$ と書く．行列 S を l_{ij} で微分すると

$$\begin{aligned}
\frac{\partial S}{\partial l_{ij}} &= \left(\frac{\partial}{\partial l_{ij}} R(\bar{l}, l)\right)^{\mathrm{T}} D e^{L} + e^{-L} D \left(\frac{\partial}{\partial l_{ij}} R(\bar{l}, l)\right) \\
&= e^{-L}(-L_{ij})\, D e^{L} + e^{-L} D L_{ij}\, e^{L} \\
&= e^{-L}(-L_{ij} D + D L_{ij}) e^{L}
\end{aligned}$$

ここで $(-L_{ij}D + DL_{ij})$ は (i,i) 成分，(i,j) 成分，(j,i) 成分，(j,j) 成分の他はゼロである．またその 4 成分だけを取り出して計算すると

1.4 ■ 有限次元行列の固有値分布

$$\begin{pmatrix} 0 & -1 \\ 1 & 0 \end{pmatrix} \begin{pmatrix} \lambda_i & 0 \\ 0 & \lambda_j \end{pmatrix} + \begin{pmatrix} \lambda_i & 0 \\ 0 & \lambda_j \end{pmatrix} \begin{pmatrix} 0 & 1 \\ -1 & 0 \end{pmatrix} = (\lambda_i - \lambda_j) \begin{pmatrix} 0 & 1 \\ 1 & 0 \end{pmatrix}$$

すなわち

$$-L_{ij}D + DL_{ij} = (\lambda_i - \lambda_j)|L|_{ij}$$

が成り立つから

$$\frac{\partial S}{\partial l_{ij}} = e^{-L}\Big((\lambda_i - \lambda_j)|L|_{ij}\Big)e^L \tag{1.10}$$

である.一方,行列 S を λ_i で微分すると

$$\frac{\partial S}{\partial \lambda_i} = e^{-L}\,|L|_{ii}\,e^L \tag{1.11}$$

である.

以上で行列の空間での微分が計算できたから,これをベクトルの空間(つまり $\mathcal{F}$ で写した先の空間)で書くと,式 (1.10) と式 (1.11) から

$$\frac{\partial \mathcal{F}(S)}{\partial \lambda_i} = \mathcal{L}(e^L)\mathcal{F}(|L|_{ii})$$

$$\frac{\partial \mathcal{F}(S)}{\partial l_{ij}} = (\lambda_i - \lambda_j)\mathcal{L}(e^L)\mathcal{F}(|L|_{ij})$$

である.この二つの式は,どちらも $N(N+1)/2$ 次元のベクトルについての等式である.上の式から $i=1,2,\ldots,N$ の N 個の関係が,下の式から (i,j) $(i=1,2,\ldots,N,\ j=2,3,\ldots,N,\ (i<j))$ の $N(N-1)/2$ 個の関係が得られる.これらの縦ベクトルを横に並べて $N(N+1)/2 \times N(N+1)/2$ の大きさの行列 $\mathcal{A}$ と $\mathcal{B}$ を

$$\mathcal{A} = \Big(\frac{\partial \mathcal{F}(S)}{\partial \lambda_i}, \frac{1}{\sqrt{2}}\frac{\partial \mathcal{F}(S)}{\partial l_{ij}}\Big)$$

$$\mathcal{B} = \Big(\mathcal{F}(|L|_{ii}), \frac{1}{\sqrt{2}}(\lambda_i - \lambda_j)\mathcal{F}(|L|_{ij})\Big)$$

のように定義する.ここで $i=1,2,\ldots,N$ であり $i<j$ である.$\mathcal{A}$ はヤコービ行列である.ベクトル $\mathcal{F}(|L|_{ii})$ と $(1/\sqrt{2})\mathcal{F}(|L|_{ij})$ は一つの成分だけが 1 で,

他の成分はすべてゼロであることに注意しよう．これより $\mathcal{B}$ が対角行列であることがわかった．また関係

$$\mathcal{A} = \mathcal{L}(e^L)\mathcal{B}$$

が成り立つ．さらに $|\det(\mathcal{L}(e^L))| = 1$ であるから，上式の両辺の行列式の絶対値を求めることにより

$$\left|\frac{\partial(s_{ij})}{\partial(l_{ij}, \lambda_i)}\right| = \prod_{i<j}|\lambda_i - \lambda_j|$$

であることがわかった．以上は任意に固定した $\bar{l}$ の近傍で考えたのであるが，この式の右辺は $\bar{l}$ に依存しないことがわかった．すなわちヤコービ行列の行列式は $\bar{l}$ に依存しない．これより，

$$p(\{s_{ij}\}) = C\exp\left(-\frac{1}{4}\mathrm{tr}(S^2)\right)$$

であるとき，ある定数 C' が存在して，固有値の確率密度関数は

$$p(\{\lambda_i\}) = C'\exp\left(-\frac{1}{4}\sum_i^N(\lambda_i)^2\right)\prod_{i<j}|\lambda_i - \lambda_j|$$

であることがわかった．

注意．任意の実対称行列 S と任意の実直交行列 R について S と RSR^T の固有値は同じである．このことは固有値の分布が $\bar{l}$ に依存しないことと対応する．ヤコービ行列を考えるとき，最初から原点の近傍で考えて $\bar{l}=0$ すなわち $e^L = I$ の場合だけを考えてもよかったのである．

■**2次元の場合の例**

やや抽象的な説明が続いたので，理解の助けになるように2次元の場合を具体的に説明しよう．もしも上記の説明が理解しにくい場合には，次のことが一般の次元でも同じようにできると考えればよい．実反対称行列

$$L_{12} = \begin{pmatrix} 0 & 1 \\ -1 & 0 \end{pmatrix}$$

について，定義式 (1.7) に従って計算すると

$$\exp(\theta L_{12}) = \begin{pmatrix} \cos\theta & \sin\theta \\ -\sin\theta & \cos\theta \end{pmatrix}$$

である．実対称行列

$$S = \begin{pmatrix} x & y \\ y & z \end{pmatrix}$$

をベクトル表記したものを

$$\mathcal{F}(S) = \begin{pmatrix} x \\ z \\ \sqrt{2}\,y \end{pmatrix}$$

と書く．$\|S\| = \|\mathcal{F}(S)\| = x^2 + z^2 + 2y^2$ である．S と $\mathcal{F}(S)$ とは全単射に対応し，

$$\text{写像：} \begin{pmatrix} x & y \\ y & z \end{pmatrix} \mapsto R^{\mathrm{T}} \begin{pmatrix} x & y \\ y & z \end{pmatrix} R$$

が

$$\text{写像：} \begin{pmatrix} x \\ z \\ \sqrt{2}\,y \end{pmatrix} \mapsto \mathcal{L}(R) \begin{pmatrix} x \\ z \\ \sqrt{2}\,y \end{pmatrix}$$

に対応する．

$$D = \begin{pmatrix} \lambda_1 & 0 \\ 0 & \lambda_2 \end{pmatrix}, \ L_{12} = \begin{pmatrix} 0 & 1 \\ -1 & 0 \end{pmatrix}$$

とおくと，任意の実対称行列 S は次のように書ける．

$$S = e^{-\theta L_{12}} D e^{\theta L_{12}}$$

したがって

$$\frac{\partial S}{\partial \lambda_1} = e^{-\theta L_{12}} \begin{pmatrix} 1 & 0 \\ 0 & 0 \end{pmatrix} e^{\theta L_{12}}$$

$$\frac{\partial S}{\partial \lambda_2} = e^{-\theta L_{12}} \begin{pmatrix} 0 & 0 \\ 0 & 1 \end{pmatrix} e^{\theta L_{12}}$$

$$\frac{\partial S}{\partial \theta} = e^{-\theta L_{12}}(-L_{12}D + DL_{12})e^{\theta L_{12}}$$

$$= e^{-\theta L_{12}} \begin{pmatrix} 0 & (\lambda_1 - \lambda_2) \\ (\lambda_1 - \lambda_2) & 0 \end{pmatrix} e^{\theta L_{12}}$$

である．これは S についての関係式なので，$\mathcal{F}(S)$ の関係式に書き直すと

$$\frac{\partial}{\partial \lambda_1} \begin{pmatrix} x \\ z \\ \sqrt{2}\,y \end{pmatrix} = \mathcal{L}(e^{\theta L_{12}}) \begin{pmatrix} 1 \\ 0 \\ 0 \end{pmatrix}$$

$$\frac{\partial}{\partial \lambda_2} \begin{pmatrix} x \\ z \\ \sqrt{2}\,y \end{pmatrix} = \mathcal{L}(e^{\theta L_{12}}) \begin{pmatrix} 0 \\ 1 \\ 0 \end{pmatrix}$$

$$\frac{\partial}{\partial \theta} \begin{pmatrix} x \\ z \\ \sqrt{2}\,y \end{pmatrix} = \mathcal{L}(e^{\theta L_{12}}) \begin{pmatrix} 0 \\ 0 \\ \sqrt{2}\,(\lambda_1 - \lambda_2) \end{pmatrix}$$

になる．上記の三つのベクトルを横に並べるとヤコービ行列になるから

$$\frac{\partial(x,y,z)}{\partial(\lambda_1,\lambda_2,\theta)} = \mathcal{L}(e^{\theta L_{12}}) \begin{pmatrix} 1 & 0 & 0 \\ 0 & 1 & 0 \\ 0 & 0 & (\lambda_1 - \lambda_2) \end{pmatrix}$$

である．$\mathcal{L}(e^{\theta L_{12}})$ は実直交行列で，$|\det(\mathcal{L}(e^{\theta L_{12}}))| = 1$ であるから

$$\left| \frac{\partial(x,y,z)}{\partial(\lambda_1,\lambda_2,\theta)} \right| = |\lambda_1 - \lambda_2|$$

が得られた．なお，2次元の例では集合 $\{L_{ij}; (i<j)\}$ の要素が一つだけ L_{12} であり，したがって $\{L_{ij}; (i<j)\}$ から取り出した要素は自動的に可換になる．このため，パラメータ θ を局所的にとる必要はない．これは2次元の場合の特別な性質である．3次元以上では集合 $\{L_{ij}; (i<j)\}$ の要素は3個以上であって，この集合から取り出した要素は一般に可換ではない．このため上記の議論を3次元以上で行う際にパラメータを局所的にとる必要が生じたのであり，そのために $\bar{l}$ を任意に固定するという議論が必要だったのである．

発展 1.3（リー群とリー環）　N を2以上の整数とし，$N\times N$ の実直交行列全体の集合を $\mathcal{O}(N)$ と書くことにしよう．$\mathcal{O}(N)$ の元 P,R の積を PR と定義すると，$\mathcal{O}(N)$ はこの演算について群をなしている．これは**リー群**の一つである．次に $N\times N$ の実反対称行列全体の集合を $\mathfrak{o}(N)$ と書くことにしよう．$\mathfrak{o}(N)$ の元 A,B の和を $A+B$ で定義し，A の定数 a 倍を aA で定義し，積を

$$[A,B] = AB - BA$$

と定義すると，$\mathfrak{o}(N)$ は環である．これは**リー環**の一つである．一般にリー群のある元 P の近傍に属する元 Q は，リー環の元 L を用いて

$$Q = Pe^L$$

と書くことができることが知られている．例えばリー群の単位元 I の近傍の元は e^L で書くことができる．指数写像 $L \mapsto e^L$ は，リー環からリー群への写像としては，一般には上への写像ではないが，リー群がコンパクトで連結であるときには，上への写像となることが知られている [2,10]．$\mathcal{O}(N)$ はコンパクトであるが連結ではない．実際，$\mathcal{O}(N)$ の部分集合に，行列式が1のもの全体がつくる部分集合と行列式が (-1) のもの全体がつくる部分集合があるが，それぞれの集合はコンパクトで連結であるが，それらは互いに連結ではない．$\mathcal{O}(N)$ のなかで行列式が1のもの全体がつくる集合は $\mathcal{O}(N)$ の部分群であり，これを $\mathcal{SO}(N)$ と書く．また行列式が (-1) となるものの集合は

$$J = \begin{pmatrix} -1 & 0 & \cdots & 0 \\ 0 & 1 & \cdots & 0 \\ \vdots & \vdots & \ddots & \vdots \\ 0 & 0 & \cdots & 1 \end{pmatrix}$$

を用いて表される集合 $J(\mathcal{SO}(N))$ と一致する．$\mathcal{SO}(N)$ はコンパクトかつ連結なリー

群であるので，指数写像は上への写像となる．以上より，$\mathcal{O}(N)$ の任意の元は e^L または Je^L と書けることがわかった．なお，こうした群の上で積分を考えるときには，群上の測度の概念（**ハール測度**）が大切である．例えば [3] を参考文献にあげる．

1.5 無限次元極限

これまでに説明したことから，一般の次元について実対称行列 $S = (s_{ij})$ の確率密度関数が

$$p(\{s_{ij}\}) = C \exp\left(-\frac{1}{4}\mathrm{tr}(S^2)\right)$$

であるとき，固有値の集合 $\lambda = (\lambda_1, \lambda_2, \ldots, \lambda_N)$ の関数 $H(\lambda)$ を

$$H(\lambda) = \frac{1}{4}\sum_{i=1}^{N}\lambda_i^2 - \sum_{i<j}\log|\lambda_i - \lambda_j|$$

とおくと λ の確率密度関数は

$$p(\lambda) = C' \exp(-H(\lambda))$$

であることがわかった．これから $N \to \infty$ の極限を考えたいのであるが，直接考えると，$H(\lambda)$ の第 1 項は N のオーダーであり，第 2 項は N^2 のオーダーになるので考えにくい．そこで

$$\lambda_i = \sqrt{N}y_i$$

とおくことにしよう．すると

$$H(\lambda) = N^2\left(\frac{1}{4N}\sum_{i=1}^{N}y_i^2 - \frac{1}{N^2}\sum_{i<j}\log|y_i - y_j|\right) + 定数$$

となる．この式の（ ）のなかの項のうち前者は N 個の和を N で割ったものであり，後者は $N(N-1)/2$ 個の和を N^2 で割ったものであるから $N \to \infty$ におけるオーダーをともに 1 とすることができた．なお「定数」は，$y = \{y_i\}$ に依存しないので，y の確率密度関数を考察する場合には取り除いてよい．

1.5 ■無限次元極限

$$\hat{H}(y) = \frac{1}{4N} \sum_{i=1}^{N} y_i^2 - \frac{1}{N^2} \sum_{i<j} \log|y_i - y_j|$$

とおくと y の確率密度関数は

$$p(y) \propto \exp(-N^2 \hat{H}(y))$$

である．N が大きくなるとき，$p(y)$ に従う確率変数は $\hat{H}(y)$ を最小にする点の近くに値をとり，$N \to \infty$ の極限では，$\hat{H}(y)$ の最小値をとるようになっていくと考えられる．$\hat{H}(y)$ を最小にする y は条件

$$\frac{\partial \hat{H}}{\partial y_j} = 0 \quad (j = 1, 2, 3, \ldots, N)$$

を満たすので，

$$\frac{y_j}{2} = \frac{1}{N} \sum_{i \neq j}^{N} \frac{1}{y_j - y_i} \quad (j = 1, 2, 3, \ldots, N)$$

でなければならない．これより $N \to \infty$ において y が確率密度関数 $f(y)$ に従うと仮定すると，$f(y)$ は次の積分方程式を満たすべきであることがわかる．

$$f(y) > 0 \quad \text{のとき} \quad \frac{y}{2} = \int \frac{f(y')}{y - y'} dy'$$

右辺の積分は，$y' = y$ の近傍で通常の意味では積分できなくなることがある．その場合には

$$\int f(y') \left(\frac{1}{y - y'} \right) dy' = \lim_{\epsilon \to +0} \left(\int_{-\infty}^{y-\epsilon} + \int_{y+\epsilon}^{\infty} \right) \frac{f(y')}{y - y'} dy'$$

という定義であると考えることにする．この積分は確率密度関数 $f(y')$ が区間 $(-\infty, \infty)$ で積分可能であり，さらに微分が連続関数であれば（C^1 級関数であれば）有限確定値になるもので，コーシーの主値と呼ばれる積分である．このように定義すると，次の節で示すように上記の関数方程式は解を一つだけもち，それが半円則を与えていることがわかる．

注意．上記の結果を考察してみよう．$\lambda = (\lambda_1, \lambda_2, \ldots, \lambda_N)$ の確率密度関数

$$p(\lambda) \propto \exp(-H(\lambda))$$

においてパラメータ α を加えて

$$H(\lambda) = H_1(\lambda) + \alpha H_2(\lambda)$$

としたものを考える．ここで

$$H_1(\lambda) = \frac{1}{4}\sum_{i=1}^{N} \lambda_i^2$$
$$H_2(\lambda) = -\sum_{i<j} \log|\lambda_i - \lambda_j|$$

とおいた．α を変化させると，λ の確率密度関数はどのように変わるだろうか．

(1) $\alpha = 0$ のとき．N の大きさによらず，各 λ_i は平均 0 分散 2 の正規分布に従っている．すなわち，各 λ_i の大きさのオーダーは 1 である．

(2) $\alpha = 1$ のとき，関数 $H_2(\lambda)$ は λ_i と λ_j の差が大きいほど小さな値になり確率 $p(\lambda)$ は大きくなる．$H_2(\lambda)$ は各 λ_i の値を反発させるようにはたらいている．N が大きくなるほどその影響は強くなり，その結果，各 λ_i の大きさのオーダーは $\sqrt{N}$ になる．

(3) $\alpha = N^a \ (a > -1)$ のとき，各 λ_i の大きさのオーダーは $N^{(a+1)/2}$ になる．

(4) $\alpha = N^a \ (a < -1)$ のとき．$\alpha = 0$ のときと同じになる．

注意．(1) $f(y)$ が積分可能で微分が連続であるとき，コーシーの主値が定まることを説明しておこう．$f(y)$ が積分可能であるから

$$\int_{-\infty}^{\infty} f(y') dy'$$

は有限確定値である．y' の関数 $1/(y-y')$ は $y' = y$ の近傍の他では有限の値なので，コーシーの主値が定まることを示すには，$-a < y < a$ を満たす定数 a について

$$\lim_{\epsilon \to +0}\Big(\int_{-a}^{y-\epsilon} + \int_{y+\epsilon}^{a}\Big) \frac{f(y')}{y-y'} dy'$$

が有限確定値になることを示せばよい．$f(y')$ の微分が連続なので関数 $g(y')$ を

$$g(y') = \begin{cases} \dfrac{f(y')-f(y)}{y'-y} & (y' \neq y) \\ f'(y) & (y' = y) \end{cases}$$

とおくと，$g(y')$ も連続関数である．これより
$$f(y') = f(y) + (y' - y)g(y')$$
が成り立つ．これを代入して
$$\Big(\int_{-a}^{y-\epsilon} + \int_{y+\epsilon}^{a}\Big)\frac{f(y')}{y-y'}dy' = \Big(\int_{-a}^{y-\epsilon} + \int_{y+\epsilon}^{a}\Big)\Big(\frac{f(y)}{y-y'} - g(y')\Big)dy'$$
である．ここで $g(y')$ は連続関数であるから，その有限区間上の積分は有限確定値になる．また，$1/(y-y')$ の積分について
$$\Big(\int_{-a}^{y-\epsilon} + \int_{y+\epsilon}^{a}\Big)\frac{dy'}{y-y'} = -\Big[\log|y'-y|\Big]_{-a}^{y-\epsilon} - \Big[\log|y'-y|\Big]_{y+\epsilon}^{a}$$
$$= \log|y+a| - \log|y-a|$$

となるので，これも有限確定値になることがわかり，コーシーの主値が定まることがわかった．

（2）コーシーの主値を求めることは積分を計算するための都合のよい工夫であり数学的に自然ではないように見えるかもしれない．そうではない．コーシーの主値はまさしく超関数 $1/(y-y')$ を定義したものである．フーリエ変換やラプラス変換などの変換は超関数の空間に作用していると考えることができるが，例えば階段型の関数

$$\mathrm{sgn}(x) = \begin{cases} 1 & (x \geq 0) \\ -1 & (x < 0) \end{cases}$$

のフーリエ変換はコーシーの主値を使って計算される超関数になる．すなわち，超関数の世界ではコーシーの主値は数学的に自然な住人なのである．

発展 1.4 上記では，$N \to \infty$ の極限において $\{y_i\}$ がある確率密度関数 $f(y)$ に従うようになっていくと予想されるということ，および，その際には，どのような関数方程式を満たすべきであるかを説明した．これは $N \to \infty$ における収束の数学的な証明ではなく，発見的な説明であることに注意しよう．ここで述べた発見的な方法は数学的に厳密ではないが，まったく未知の問題を考える際に予想を立てるのに適している．実際，この問題に関しては予想が正しいことが示されている．$\{y_i\}$ がある確率密度関数 $f(y)$ に従うようになること自体を数学的に示すには，いくつかの方法が知られている．代表的な方法はモーメント法であり，詳しくは第 2 章で説明するが，これは一般化された確率密度関数

$$p_N(x) \equiv \frac{1}{N}\sum_{i=1}^{N}\delta\Big(x-\frac{\lambda_i}{\sqrt{N}}\Big)$$

のモーメント

$$m_k(N) = \int x^k p_N(x)dx \quad (k=1,2,3,...)$$

を求めて，各モーメントがウィグナーの半円のモーメントに収束することを用いる方法である．モーメントの収束がある条件を満たすときには，$p_N(x)$ が半円に収束することを示すことができる．この方法の良い点は，（条件 1）（条件 2）（条件 3）を満たさない条件下にも一般化することができる点にある．実際，半円則が成り立つためには行列のなかで圧倒的多数である非対角項の分散が重要であり，対角項の分散は影響がないことが知られている．モーメント法の他にもヒルベルト変換を用いる方法がある．ランダム行列の収束とそのための条件については活発に研究が進められており，新しい数理の発見とともにさらに一般的な定理が示される日が来ることが期待される．

1.6 積分方程式の解

上記のようにして発見された関係式の解の存在と一意性について考えることにしよう．

> **問題．** 次の条件を満たす確率密度関数 $f(y)$ は，一つだけ存在することを示せ．
>
> $$f(y) > 0 \quad \text{のとき} \quad \frac{y}{2} = \int f(y')\Big(\frac{1}{y-y'}\Big)dy' \tag{1.12}$$
>
> ただし，右辺の積分はコーシーの主値をとるものとする．この式の右辺の関数（符号反転および定数倍をしたものも含む）のことを $f(y)$ のヒルベルト変換，コーシー変換，あるいはスティルチェス変換という．

1.6.1 解が存在すること

積分方程式 (1.12) に解が存在することを示そう．

$$f(y) = \begin{cases} \dfrac{1}{2\pi}\sqrt{4-y^2} & (|y| \leq 2) \\ 0 & (|y| > 2) \end{cases}$$

および

$$g(y) = \begin{cases} \dfrac{y}{2} & (|y| \leq 2) \\ \dfrac{y}{2} - \dfrac{\mathrm{sgn}(y)}{2}\sqrt{y^2-4} & (|y| > 2) \end{cases}$$

とおく．ここで

$$\mathrm{sgn}(y) = \begin{cases} 1 & (y \geq 0) \\ -1 & (y < 0) \end{cases}$$

である．すると

$$f(y) > 0 \quad \text{のとき} \quad g(y) = \int f(y')\left(\frac{1}{y-y'}\right)dy'$$

が成り立つ．したがって，関数 $f(y)$ は確かに積分方程式 (1.12) を満たしている．図 1.3（a）に関数 $f(y)$ を，(b) にそのヒルベルト変換である $g(y)$ を示す．関数 $f(y)$ については確かに半円になっている．関数 $g(y)$ は，$f(y) > 0$ においては $y/2$ に等しいが，その外側では積分方程式から直接にはわからない関数になっている．

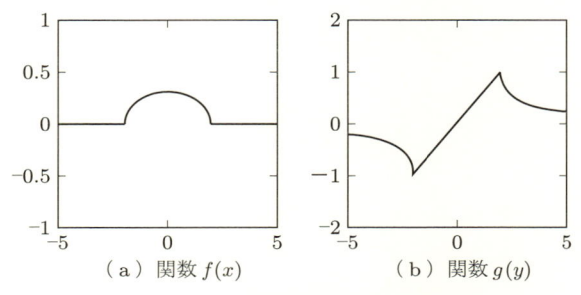

図 1.3　関数 $f(y)$ とそのヒルベルト変換 $g(y)$．

関数 $f(y)$ と $g(y)$ が上記のように関係することは単なる計算によって示すことができるが，この関係はランダム行列を考える際には大切なものであるので，

以下にその概略を示そう．単なる計算とはいえ半円則が出てくる理由はこの計算にあることを思えば，この計算を自分でやってみて初めて半円則というものを見聞ではなく実感とすることができると思う．ランダム行列に初めて出会った読者には退屈な計算といわずに鉛筆を動かすことを奨めておこう．

式 (1.12) が成立することを確認しよう．まず a を定数として $x \neq a, |x| \leq 2$ であれば

$$\frac{\sqrt{4-x^2}}{a-x} = \frac{x+a}{\sqrt{4-x^2}} + \frac{4-a^2}{(a-x)\sqrt{4-x^2}}$$

が成り立つ．この式の区間 $[-2, 2]$ での積分を考える．第 1 項について

$$\int_{-2}^{2} \frac{x+a}{\sqrt{4-x^2}} dx = \int_{-2}^{2} \frac{a}{\sqrt{4-x^2}} dx = a\pi$$

は $x = 2\sin\theta$ とおくことで初等微積分の範囲で導出できる．次に第 2 項について，$|x| < 2$ における不定積分

$$\int \frac{dx}{(a-x)\sqrt{4-x^2}} = F(x) + C \tag{1.13}$$

は，$|a| < 2$ のとき，

$$F(x) = \frac{1}{\sqrt{4-a^2}} \log\left|\frac{s(x)+t(x)}{s(x)-t(x)}\right|$$

である．ここで

$$s(x) = \sqrt{(2-a)(2+x)}$$
$$t(x) = \sqrt{(2+a)(2-x)}$$

とおいた．また，$|a| > 2$ のときは

$$F(x) = \frac{2}{\sqrt{a^2-4}} \arctan\left(\sqrt{\frac{(a-2)(2+x)}{(a+2)(2-x)}}\right)$$

である．これらのことは $F(x)$ を微分することで確認できる．したがって

$$F(2) - F(-2) = \begin{cases} 0 & (|a| < 2) \\ \dfrac{\pi \operatorname{sgn}(a)}{\sqrt{a^2 - 4}} & (|a| > 2) \end{cases}$$

である．とくに $|a| < 2$ のときには $F(x)$ は $x = a$ で発散するが，$F(a-\epsilon) - F(a+\epsilon)$ が $\epsilon \to +0$ においてゼロに収束することからコーシーの主値は有限確定値であり，その結果の値は上記のものになる．以上より，積分方程式 (1.12) には解が存在することがわかり，その具体的な形もわかった．

1.6.2 解が一つであること

実数上で定義された複素数値関数 $f(x)$ について，そのヒルベルト変換 $(Hf)(x)$ を

$$(Hf)(x) = \frac{1}{\pi} \int f(x') \left(\frac{1}{x' - x} \right) dx'$$

と定義する．関数 $f(x)$ が二乗可積分であるとき，すなわち，

$$\|f\|^2 \equiv \int_{-\infty}^{\infty} |f(x)|^2 dx < \infty$$

が成り立つとき，$(Hf)(x)$ も二乗可積分であって

$$\|f\| = \|Hf\|$$

が成り立つことが知られている．また

$$(H(Hf))(x) = f(-x)$$

が成り立つことが知られている．このことから積分方程式 (1.12) を満たす f は一つに定まるように見えるが，式 (1.12) は条件に「$f(y) > 0$ を満たす y について」という部分が含まれているため，関数 f が一つであることはヒルベルト変換の性質からは直ちには得られない．ここでは積分方程式の性質を用いて，関数 f が一つであることを示してみよう．

積分方程式 (1.12) を満たす確率密度関数 $f(y)$ が与えられたとする．自然数 k について，原点のまわりのモーメントを

$$m_k = \int dy\, f(y)\, y^k$$

と定義する．このとき次の三つのことを示すことができる．

(1) 任意の自然数 k について m_k が存在する．

(2) k が偶数のとき

$$m_{k+2} = m_k m_0 + m_{k-2} m_2 + m_{k-4} m_4 + \cdots + m_0 m_k.$$

(3) k が奇数のとき

$$m_k = 0.$$

すなわち，積分方程式から確率密度関数のモーメントが有限確定値であり，ユニークに定まることがわかる．

上記の (1) (2) (3) を示そう．まず $f(y)$ は確率密度関数であるから $m_0 = 1$ である．非負の整数 k について，次の積分を A とおく．

$$A = \iint \left(\frac{y^{k+1} - z^{k+1}}{y - z} \right) f(y) f(z) dy dz$$

恒等式

$$\frac{y^{k+1} - z^{k+1}}{y - z} = \sum_{j=0}^{k} y^{k-j} z^j$$

から，$m_0, m_1, \ldots, m_k$ が有限確定値であれば

$$A = \sum_{j=0}^{k} m_{k-j} m_j$$

であり，A も有限確定値である．y と z の対称性から

$$A = 2 \int \frac{y^{k+1}}{y - z} f(y) f(z) dy dz$$

が成り立つ．積分方程式 (1.12) を用いると，さらにこの式は

1.6 ■ 積分方程式の解

$$A = 2\int y^{k+1}\frac{y}{2}f(y)dy = \int y^{k+2}f(y)dy$$

となって m_{k+2} に等しい．したがって m_{k+2} も有限確定値である．以上より

$$m_{k+2} = \sum_{j=0}^{k} m_{k-j}m_j \tag{1.14}$$

である．このことを用いると $m_0 = 1$ から $m_2 = 1$ がわかる．次に m_2 が有限確定値であるからコーシーシュワルツの不等式を用いて

$$|m_1| \leq \int |x|f(x)dx \leq \left(\int |x|^2 f(x)dx\right)^{1/2} = \sqrt{m_2}$$

が成り立つので m_1 も有限確定値である．再び積分方程式を用いると

$$m_1 = 2\int \frac{f(y)f(z)}{y-z}dydz$$

であるが，y と z の対称性からこの値はゼロである．これより，$m_1 = 0$ であり，したがって $m_3 = 0$ であり，同様にして m_k は k が奇数のときゼロになる．以上より (1) が示された．最後に式 (1.14) から奇数のものを取り去ると (2) が得られる．以上のようにして (1) (2) を示すことができた．(1) と (2) および $m_0 = 1$ であることを用いると，m_k は k が奇数のときはゼロで，偶数のときには，漸化式から求めることができて

$$m_k = \frac{k!}{(k/2)!\,(k/2+1)!} \tag{1.15}$$

である．半円則に関するモーメントが従うこの式は第 2 章でも現れる．

一般に，確率密度関数が与えられたときモーメントは存在すればユニークに定まるが，すべての次数のモーメントが有限確定値でも対応する確率密度関数はユニークとは限らない．モーメントから確率密度関数がユニークに定まるための十分条件として次のものがある [1]．

$$\gamma = \limsup_{k\to\infty} \frac{1}{k}|m_k|^{1/k} < \infty \tag{1.16}$$

このとき領域 $|t| < 1/\gamma$ で絶対収束する無限級数を

$$\phi(t) = \sum_{k=0}^{\infty} \frac{(it)^k m_k}{k!} \tag{1.17}$$

としよう．級数が絶対収束するから，$\phi(t)$ は原点の近傍で解析関数であり，m_k が $f(x)$ の原点のまわりのモーメントであることから，$\phi(t)$ は確率密度関数 $f(x)$ のフーリエ変換

$$\phi(t) = \int \exp(itx) f(x) dx$$

である．この関数のことを**特性関数**という．特性関数はモーメントが条件 (1.16) を満たすときには，モーメントから一つに定まる．また特性関数と確率分布とは 1 対 1 に対応しているので，確率密度関数も（積分してゼロになる集合を除いて）ユニークに定まる．積分方程式 (1.12) を満たす場合には，式 (1.15) から

$$|m_k| \leq \left(\frac{k+1}{2}\right)^k$$

が成り立つので $\gamma \leq (1/2)$ であるから，特性関数が原点の近傍で解析関数となり，確率密度関数が，積分してゼロになる集合を除いてユニークに定まることがわかった．

発展 1.5 ランダム行列の理論は，確率分布の確率的な収束を扱うという意味で 2 重の確率を考えている．繰り返しになる部分もあるが，念のため 2 重の収束の意味を明確にしておこう．

（1）第 1 章の冒頭で，任意の有界連続関数 $\varphi(x)$ について

$$\frac{1}{N} \sum_{i=1}^{N} \varphi\left(\frac{\lambda_i}{\sqrt{N}}\right) \to \frac{1}{2\pi} \int_{-2}^{2} \varphi(x) \sqrt{4-x^2}\, dx \tag{1.18}$$

が成り立つということを述べた．デルタ関数のような関数も含めた一般化された意味での確率密度関数 $p_n(x)$ が $p(x)$ に分布として収束する（法則収束，分布収束）とは，任意の有界連続な関数 $\varphi(x)$ について

$$\int \varphi(x) p_n(x) dx \to \int \varphi(x) p(x) dx$$

が成り立つことである．すなわち冒頭で述べたのはこの意味での収束である．確率

密度関数 $p_n(x)$ の特性関数を $\phi_n(t)$ とする．次の定理が知られている．特性関数の列 $\{\phi_n(t)\}$ が $t=0$ の近傍で一様収束するならば，ある一般化された確率密度関数 $p(x)$ が存在して，法則収束 $p_n(x) \to p(x)$ が成り立つ．これを**レビーの定理**という [9]．したがって，モーメントの値をもとに特性関数を計算してこの定理が成り立っていることが確認できれば，法則収束は成り立つことになる．

（2）さて我々は 2 重の確率を考えているのであった．ランダム行列の固有値分布はランダム行列の出かたによって変動するから，法則収束 $p_n(x) \to p(x)$ が成り立つかどうかが確率的に決まる．その確率が 1 である（概収束）ことを第 1 章の冒頭で説明した．

（3）以上のことをまとめると次のようになる．

「ランダム行列の固有値分布の法則収束」は確率 1 で成り立つ．

すなわち，ややわかりにくい表現にはなるが，ランダム行列の固有値分布はその「法則収束が概収束する」のである．

1.7 ランダム行列の応用例

以上でランダム行列というものの定義とその基礎的な性質を見てきた．

ランダム行列の理論は，今日，理学，工学，情報学など多様な用途に用いられている．ここでは，例を用いて，ランダム行列の理論がどのようなはたらきをするかについて実感を得てみよう．

課題．確率的な行列 $J = (J_{ij})$ が（条件 1）（条件 2）（条件 3）を満たす S を用いて $J = S^2$ と表されるものとする．J が与えられたとき，N 個の連続値をとる実数の組 $x = (x_1, x_2, \ldots, x_N)$ で表される物理的な系のハミルトン関数 $H(x)$ が

$$H(x, \alpha) = \frac{1}{2N} \sum_{i,j=1}^{N} J_{ij} x_i x_j + \frac{\alpha}{2} \sum_{i=1}^{N} x_i^2$$

で与えられる場合を考える．ハミルトン関数とは，物理変数 $\{x_1, x_2, \ldots, x_N\}$ が与えられたとき，その系のエネルギーを与える関数であると考えてよい．J が与えられたとき，この系が逆温度 1 の熱浴のなかに置かれているときの平均値を $\langle \ \rangle$ で表すものとする．平衡状態も平均値も J に依存して確率的に変動す

ることに注意しよう．物理変数 x の 1 次元当たりの長さで定義される確率変数

$$X = \Big\langle \frac{1}{N} \sum_{i=1}^{N} x_i^2 \Big\rangle$$

の，$N \to \infty$ における挙動を求めよ．

注意．ここではハミルトン関数が上記で与えられるような仮想的な系を考えている．このような物理的な系が実在するわけではない．自然科学を学んだことがある読者は，例えば x_i はミクロな調和振動子か連続値をとるスピンのようなものであり，α は外部から系に影響を及ぼす電場や磁場のようなものの強さであると考えればよい．ここでは，確率的に変動する行列によってハミルトン関数の形が定まり，ハミルトン関数が定まったとき，物理変数 $x = (x_1, x_2, \ldots, x_N)$ の熱平衡状態の確率分布が定まるという意味で 2 重の確率を考えている．仮にランダム行列 J が確定してから，このシステムが平衡状態に到達するまである程度の時間がかかると考えれば，J の確率的な変動はその時間よりも十分にゆっくりである場合を想定しているのだと考えてよい．

「逆温度が 1 の熱平衡状態」において，物理変数 $(x_1, x_2, \ldots, x_N)$ は次の確率密度関数に従うことが知られている．

$$p(x) = \frac{1}{Z(\alpha)} \exp(-H(x, \alpha))$$

この確率密度関数のことを **カノニカル分布** あるいは **ボルツマン分布** という．関数 $f(x)$ が与えられたとき，この確率密度関数を用いた $f(x)$ の平均が

$$\langle f(x) \rangle = \int f(x) p(x) dx$$

である．なお $Z(\alpha)$ は $p(x)$ の x に関する全積分が 1 になるための規格化定数である．この $Z(\alpha)$ を **分配関数** という．

$$Z(\alpha) = \int \exp(-H(x, \alpha)) dx_1 dx_2 \cdots dx_N$$

このとき

$$F(\alpha) = -\log Z(\alpha)$$

によって定義される値 $F(\alpha)$ を**自由エネルギー**という．

$$\frac{\partial H(x,\alpha)}{\partial \alpha} = \frac{1}{2}\sum_{i=1}^{N} x_i^2$$

であるから，自由エネルギーから X は次のようにして計算できる．

$$X = \frac{2}{N}\frac{dF}{d\alpha}$$

この確率変数の $N \to \infty$ での値を求めることが我々の目標である．一般に，自由エネルギーの挙動が解明されれば物理的な系の性質はそこから導出されることが知られている．すなわち自由エネルギーは，ある系の物理学的な性質の情報をすべてもっているという意味で極めて重要な量であるが，そのように重要な量は簡単な解析計算だけでは求められないことが多い．むしろ自由エネルギーを計算するための方法を見出すためには，考察しようとする系の物理学的な本質を洞察する必要があることの方が普通である．

しかしながら，この問題では x に関する積分を計算することができて，定数部分を除くと

$$F(\alpha) = \frac{1}{2}\log\det\left(\alpha I + \frac{1}{N}J\right)$$

となる．S の固有値を $\{\lambda_i\}$ とすれば J の固有値は $\{(\lambda_i)^2\}$ であるから

$$F(\alpha) = \frac{1}{2}\sum_{i=1}^{N}\log\left(\alpha + \frac{1}{N}(\lambda_i)^2\right)$$

である．これを微分して

$$\frac{2}{N}\frac{dF}{d\alpha} = \frac{1}{N}\sum_{i=1}^{N}\frac{1}{\alpha + (\lambda_i/\sqrt{N})^2}$$

である．ランダム行列理論により，$N \to \infty$ において

$$X = \frac{2}{N}\frac{dF}{d\alpha} \to \frac{1}{2\pi}\int_{-2}^{2}\frac{\sqrt{4-\lambda^2}}{\alpha + \lambda^2}\,d\lambda$$

となる．すなわち X が積分で表される定数に収束することを示すことができた．なお，J が確率的に変動するのであるから，有限の N では X は確率的に揺らいでいることに注意しよう．したがって上記の式は，確率的に揺らいでいる値が定数に収束するということを述べている．確率的に変動する量 X の J に関する平均値を $\overline{X}$ と書くことにすれば $N \to \infty$ において

$$\overline{X} \to \frac{1}{2\pi} \int_{-2}^{2} \frac{\sqrt{4-\lambda^2}}{\alpha + \lambda^2} d\lambda$$

も成り立っている．さて，我々は 2 重の確率を考えているのであった．J が確率変数であるから分配関数も自由エネルギーも確率変数であり，J についての平均まで含めた自由エネルギー

$$\overline{F(\alpha)} = -\overline{\log \langle e^{-H(x,\alpha)} \rangle}$$

はこの型の問題を考察する際には必ず現れるものである．二つの平均が log の前後にあるため，この平均の計算は一般に容易ではないが，その解析において第 3 章で紹介する **レプリカ法** が役立つことが知られている．

注意．現実の世界では，系を記述するハミルトン関数が厳密にはわからないことがある．そのようなとき，その系に対して外界から何かの影響を与えたときの変化を実験的に計測して実験値を得る．一方，物理学的な考察の上でハミルトン関数 $H(x,\alpha)$ の仮説を立てて（モデル化），そのモデルに対して理論解析を行って理論値を得る．実験と理論の双方で求めたものの比較を行うことによってハミルトン関数についての仮説が妥当であったかどうかが考察されることになるのである．

発展 1.6　(1) 確率的に変動する関数のことを **確率過程** という．ここではハミルトン関数が確率過程であるときの熱平衡状態を表す確率密度関数を考察した．このように 2 重の確率を伴う問題は，例えば，不純物を含む結晶の性質を考察する際に現れることが知られている．また自然科学だけでなく，情報理論や統計学においては観測の結果として得られるデータから定まる確率密度関数を扱う必要が生じる．データが確率的に変化するとき，確率密度関数もそれに応じて確率的に変動するため，2 重の確率が現れることはそれらの分野においてはむしろ一般的である．第 4 章と第 5 章では，それらの問題を考察する．

(2) 数学においては，ランダム行列の固有値の間隔の分布とリーマンのゼータ関数の零点の間隔の分布に深い関係があるのではないかという予想が提示され，この予想は

さらなる発展を遂げつつあり，大きな関心の対象となっている [4,6,7]．本書ではその話題の紹介は行わないが，関心のある読者は関連図書をぜひ参考にして頂きたい．

第 1 章の関連図書

[1] 羽鳥裕久：「確率論の基礎」，コロナ社 (1974)
[2] 小林俊行，大島利雄：「Lie 群と Lie 環 岩波講座現代数学の基礎」，岩波書店 (1999)
[3] 小林俊行，大島利雄：「リー群と表現論」，岩波書店 (2005)
[4] 小山信也：「素数からゼータへ，そしてカオスへ」，日本評論社 (2010)
[5] 久保亮五：「統計力学」，共立出版 (1952)
[6] 松本耕二：「リーマンのゼータ関数」，朝倉書店 (2005)
[7] M. L. Mehta: *Random Matrices*, Academic Press (1991)
[8] 永尾太郎：「ランダム行列の基礎」，東京大学出版会 (2005)
[9] 佐藤坦：「はじめての確率論 測度から確率へ」，共立出版 (1994)
[10] 杉浦光夫：「リー群論」，共立出版 (2000)
[11] T. Tao: *Topics in Random Matrix Theory*, American Mathematical Society (2012)
[12] 田崎晴明：「統計力学 I, II」，培風館 (2008)
[13] E.P. Wigner, "Characteristic vectors of bordered matrices with infinite dimensions," Annals of Mathematics, Vol.62, No.3, pp.548-564, 1955.
[14] J. Wishart, "Generalized product moment distribution in samples from a normal multivariate population," Biometrika, Vo.20A, pp.32-52, 1928.

第2章
ランダム行列の普遍性

ランダム行列とは，乱数を要素にもつ行列である．ここで，乱数とは，分布関数 $F(x)$ に従って分布する確率変数 x を意味する．ランダム行列に対しては，行列のサイズが大きいとき，固有値や固有ベクトルの分布に普遍性が現れ，乱数の分布の詳細によらない統計量が得られることが知られている．普遍性の例としては，乱数の和に対して成り立つ中心極限定理がよく知られているので，まずその説明から始める．その後で，ランダム行列の固有値分布の普遍性として知られているウィグナー（Wigner）の半円則，マルチェンコ–パスツール（Marčenko–Pastur）則，楕円則を取り上げ，中心極限定理との類似性にもとづいた説明を行う．さらに，疎行列における普遍性の破れに言及し，物理学への応用において重要な固有値密度のゆらぎの普遍性についても述べる．

2.1 準備

2.1.1 乱数とモーメント

乱数 x の関数 $f(x)$ の平均 $\langle f(x) \rangle$ を，分布関数 $F(x)$ あるいは確率密度関数 $P(x) = dF(x)/dx$ を用いて

$$\langle f(x) \rangle = \int f(x) dF(x) = \int f(x) P(x) dx \tag{2.1}$$

と定義する.また,x の n 次の**モーメント**を

$$\mu_n = \langle x^n \rangle \tag{2.2}$$

と書く.とくに,1 次のモーメント μ_1 は x の平均と呼ばれ,

$$\sigma = \langle (x - \mu_1)^2 \rangle = \mu_2 - (\mu_1)^2 \tag{2.3}$$

は x の分散と呼ばれる.

ガウス分布(正規分布)とは,確率密度関数

$$P(x)dx = \frac{1}{\sqrt{2\pi\sigma}} \exp\left(-\frac{x^2}{2\sigma}\right) dx, \quad -\infty < x < \infty \tag{2.4}$$

によって表される乱数の分布のことである.ガウス分布に従う乱数 x の奇数次のモーメントは明らかにゼロである.偶数次のモーメント μ_{2k} については,部分積分により,漸化式

$$\mu_{2k} = (2k-1)\sigma \mu_{2k-2} \tag{2.5}$$

を導くことができる.したがって,

$$\mu_{2k} = \frac{(2k)!}{2^k k!} \sigma^k \tag{2.6}$$

となる.とくに,ガウス分布のパラメータ σ は,x の分散に等しい.

2.1.2 中心極限定理

乱数 $X_1, X_1, \ldots, X_N$ が,それぞれ独立に同じ分布関数に従って分布するとしよう.それぞれの乱数の奇数次のモーメントはゼロで,偶数次のモーメントは有限であると仮定する.とくに,乱数 X_j の分散(すなわち 2 次のモーメント μ_2)を σ と書く.このとき,**中心極限定理** [1] によれば,

$$X = \frac{1}{\sqrt{N}}(X_1 + X_2 + \cdots + X_N) \tag{2.7}$$

の確率密度関数は,N が大きいとき,ガウス分布

$$P(X)dX = \frac{1}{\sqrt{2\pi\sigma}} \exp\left(-\frac{X^2}{2\sigma}\right) dX \tag{2.8}$$

2.1 ■ 準備

に近づく．中心極限定理が成り立っていることを見るための簡単な方法としては，X のモーメントを調べることが考えられる．

まず，1 次のモーメントは

$$\langle X \rangle = \frac{1}{\sqrt{N}} \sum_{j=1}^{N} \langle X_j \rangle \tag{2.9}$$

となるが，乱数 X_j の平均 (1 次のモーメント) はゼロであったことを思い出すと，

$$\langle X \rangle = 0 \tag{2.10}$$

となる．

次に，2 次のモーメントを調べると，

$$\langle X^2 \rangle = \frac{1}{N} \sum_{j=1}^{N} \sum_{l=1}^{N} \langle X_j X_l \rangle \tag{2.11}$$

となる．j と l が異なるとき，乱数 X_j と X_l は独立に分布しているから，

$$\langle X_j X_l \rangle = \langle X_n \rangle \langle X_l \rangle = 0, \quad j \neq l \tag{2.12}$$

である．したがって，

$$\langle X^2 \rangle = \frac{1}{N} \sum_{j=1}^{N} \langle (X_j)^2 \rangle = \sigma \tag{2.13}$$

となる．

3 次のモーメントは

$$\langle X^3 \rangle = \frac{1}{N^{3/2}} \sum_{j=1}^{N} \sum_{l=1}^{N} \sum_{m=1}^{N} \langle X_j X_l X_m \rangle \tag{2.14}$$

と書くことができる．j, l, m は，すべて互いに異なるか，二つが等しく残りの一つだけが異なるか，すべて等しいかのいずれかである．しかし，X_j の奇数次のモーメントはゼロとしたので，いずれの場合も $\langle X_j X_l X_m \rangle = 0$ となる．よって，

$$\langle X^3 \rangle = 0 \tag{2.15}$$

である．同様にして，X の奇数次のモーメントはすべてゼロであることがわかる．

4 次のモーメントは

$$\langle X^4 \rangle = \frac{1}{N^2} \sum_{j=1}^{N} \sum_{l=1}^{N} \sum_{m=1}^{N} \sum_{n=1}^{N} \langle X_j X_l X_m X_n \rangle \tag{2.16}$$

である．X_j の奇数次のモーメントはゼロだから，X_j, X_l, X_m, X_n が（例えば，X_1, X_1, X_2, X_2 のように）同じ乱数のペアから成っている項以外はゼロになる．したがって，

$$\begin{aligned}
\langle X^4 \rangle &= \frac{1}{N^2} \left(3 \sum_{j \neq l}^{N} \langle (X_j)^2 \rangle \langle (X_l)^2 \rangle + \sum_{j=1}^{N} \langle (X_j)^4 \rangle \right) \\
&= \frac{1}{N^2} \left(3N(N-1)\sigma^2 + N\mu_4 \right) \\
&= 3 \left(1 - \frac{1}{N} \right) \sigma^2 + \frac{\mu_4}{N}
\end{aligned} \tag{2.17}$$

となる．すなわち，N が大きいときには，$\langle X^4 \rangle$ は $3\sigma^2$ に近づく．このことを，

$$\langle X^4 \rangle \sim 3\sigma^2, \quad N \to \infty \tag{2.18}$$

と書く．上の議論より，N が大きいときには，同じ乱数のペアがそれぞれ 1 回ずつ現れる項からの寄与だけが残ることがわかる．そのために，$\langle X^4 \rangle$ は，4 次のモーメント μ_4 によらない値 $3\sigma^2$ に近づくのである．

同様に，偶数次のモーメントは，一般に

$$\langle X^{2k} \rangle = \frac{1}{N^k} \left(\frac{(2k)!}{2^k k!} \frac{N!}{(N-k)!} \sigma^k + R_N \right) \tag{2.19}$$

と書ける．ここで，角括弧内の第 1 項は，同じ乱数のペアがそれぞれ 1 回ずつ現れる項からの寄与を表す．一方，第 2 項の R_N は，

$$\lim_{N \to \infty} \frac{R_N}{N^k} = 0 \tag{2.20}$$

を満たす．したがって，

$$\langle X^{2k} \rangle \sim \frac{(2k)!}{2^k k!} \sigma^k, \quad N \to \infty \tag{2.21}$$

が成立する．すなわち，N が大きいときには，ガウス分布のモーメント (2.6) と一致するモーメントが得られ，中心極限定理から導かれる通りの結果になる．

中心極限定理は，N が大きいとき，4 次以上のモーメントに依存する項からの寄与がなくなり，2 次のモーメントだけに依存する普遍的な振る舞いが得られることを意味する．このような**普遍性**（universality）は，ランダム行列の様々な統計量に対して現れる．

2.2 固有値密度の普遍性

2.2.1 ウィグナーの半円則

ランダム行列の普遍性の例として，有名なウィグナーの半円則を考える．$N \times N$ 実対称行列 S の要素 S_{jl}（$j \leq l$）が乱数であり，それぞれ独立に同じ分布関数に従って分布するとしよう．S_{jl} の奇数次のモーメントはゼロで偶数次のモーメントは有限であると仮定し，分散を σ と書く．

実対称行列 S は，実直交行列 R によって対角化できる．すなわち，

$$S = RDR^{-1} \tag{2.22}$$

の形の分解が成り立つ．ここで，R^{-1} は R の逆行列であり，D は対角行列（対角要素以外の要素はゼロの行列）である．D の対角要素 $x_1, x_2, \ldots, x_N$ を S の固有値と呼ぶ．

固有値の分布の特徴を表す量として，**固有値密度**

$$\rho(x) = \frac{1}{N} \sum_{j=1}^{N} \delta\left(x - \frac{x_j}{\sqrt{N}}\right) \tag{2.23}$$

の平均 $\langle \rho(x) \rangle$ を取り上げる．ここで，$\delta(x)$ はディラックのデルタ関数を表す．平均固有値密度 $\langle \rho(x) \rangle$ は，規格化条件

$$\int \langle \rho(x) \rangle \, dx = 1 \tag{2.24}$$

を満たすため，確率密度関数とみなすことができる．また，ウィグナーの半円

則によれば，$\langle\rho(x)\rangle$ は，N が大きいときに

$$\langle\rho(x)\rangle \sim \begin{cases} \dfrac{1}{2\pi\sigma}\sqrt{4\sigma - x^2} & (|x| < 2\sqrt{\sigma}) \\ 0 & (|x| > 2\sqrt{\sigma}) \end{cases} \qquad (2.25)$$

のように振る舞う [2].

図 2.1 には，1000×1000 実対称行列 S の要素 S_{jl} $(j \leq l)$ が数値的に生成された -1 と 1 の間の一様乱数のときに，S の固有値の（固有値密度 (2.23) に相当する）ヒストグラムを描いた．曲線は**ウィグナーの半円則** (2.25) を表す．このヒストグラムは，ただ一つのランダム行列 S に対するものであり，多くのランダム行列についての平均ではない．このように，一つのランダム行列において $\langle\rho(x)\rangle$ のような平均量の性質が実現されることを**自己平均性**といい，行列のサイズ N が大きい極限で成立することが知られている．さらに，ウィグナーの半円則は，S_{jl} の（$\langle S_{jl}\rangle = 0$, $\langle S_{jl}^2\rangle = \sigma$ 以外の）高次のモーメントが有限でなくても成り立ち，S_{jl} $(j \leq l)$ の分布関数がすべて同じではない場合にも（条件を付加することにより）拡張できる [3].

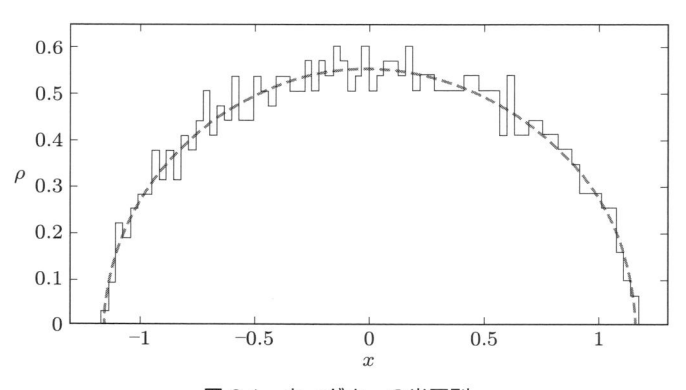

図 2.1 ウィグナーの半円則．

確率密度関数 $\langle\rho(x)\rangle$ に対する x の k 次のモーメント $\overline{x^k}$ を考える．ウィグナーの半円則が成り立つならば，N が大きいとき，奇数次のモーメントはゼロになり，偶数次のモーメントについては

$$\overline{x^{2k}} = \int x^{2k}\langle\rho(x)\rangle \, dx \sim \frac{1}{2\pi\sigma}\int_{-2\sqrt{\sigma}}^{2\sqrt{\sigma}} x^{2k}\sqrt{4\sigma - x^2} \, dx$$

2.2 ■ 固有値密度の普遍性

$$= \frac{(2k)!}{k!(k+1)!}\sigma^k \tag{2.26}$$

となるはずである.

ウィグナーの半円則が成り立っていることを見るために，中心極限定理のときと同様に，x のモーメントを調べて，上の結果が成り立つことを確かめよう．一般に，$\overline{x^k}$ は

$$\overline{x^k} = \int x^k \langle \rho(x) \rangle \, dx = \frac{1}{N^{(k+2)/2}} \left\langle \sum_{j=1}^{N}(x_j)^k \right\rangle = \frac{1}{N^{(k+2)/2}} \langle \mathrm{tr}(D^k) \rangle \tag{2.27}$$

のように，D を使って書ける．ただし，$\mathrm{tr}(A)$ は，行列 A の対角要素の和（トレース）を表す．ここで，行列のトレースに対して関係 $\mathrm{tr}(AB) = \mathrm{tr}(BA)$ が成り立つことに注意すると，

$$\mathrm{tr}(S^k) = \mathrm{tr}(RD^kR^{-1}) = \mathrm{tr}(R^{-1}RD^k) = \mathrm{tr}(D^k) \tag{2.28}$$

を得る．したがって，

$$\overline{x^k} = \frac{1}{N^{(k+2)/2}} \langle \mathrm{tr}(S^k) \rangle \tag{2.29}$$

である．すなわち，x の k 次のモーメント $\overline{x^k}$ を調べるためには，$\mathrm{tr}(S^k)$ の平均を考えればよいことがわかる．

まず，$k=1$ のときには，S_{jl} の平均（1次のモーメント）がゼロであることから，

$$\overline{x} = \frac{1}{N^{3/2}} \langle \mathrm{tr}(S) \rangle = \frac{1}{N^{3/2}} \sum_{j=1}^{N} \langle S_{jj} \rangle = 0 \tag{2.30}$$

である．

次に，$k=2$ のときを調べると，

$$\overline{x^2} = \frac{1}{N^2} \langle \mathrm{tr}(S^2) \rangle = \frac{1}{N^2} \sum_{j=1}^{N} \sum_{l=1}^{N} \langle S_{jl}S_{lj} \rangle$$

$$= \frac{1}{N^2}\left(\sum_{j=1}^{N}\langle (S_{jj})^2\rangle + 2\sum_{j<l}^{N}\langle (S_{jl})^2\rangle\right) = \sigma \qquad (2.31)$$

である．

$k=3$ のときは，

$$\overline{x^3} = \frac{1}{N^{5/2}}\langle \mathrm{tr}(S^3)\rangle = \frac{1}{N^{5/2}}\sum_{j=1}^{N}\sum_{l=1}^{N}\sum_{m=1}^{N}\langle S_{jl}S_{lm}S_{mj}\rangle \qquad (2.32)$$

となる．S_{jl} の奇数次のモーメントはゼロと仮定したので，中心極限定理のときと同様に，$\langle S_{jl}S_{lm}S_{mj}\rangle = 0$ となる．よって，

$$\overline{x^3} = 0 \qquad (2.33)$$

である．同様にして，x の奇数次のモーメントはすべてゼロになる．

$k=4$ のときは，

$$\overline{x^4} = \frac{1}{N^3}\langle \mathrm{tr}(S^4)\rangle = \frac{1}{N^3}\sum_{j=1}^{N}\sum_{l=1}^{N}\sum_{m=1}^{N}\sum_{n=1}^{N}\langle S_{jl}S_{lm}S_{mn}S_{nj}\rangle \qquad (2.34)$$

となる．ここで，経路

$$\gamma = j \to l \to m \to n \to j \qquad (2.35)$$

に対して

$$w(\gamma) = \langle S_{jl}S_{lm}S_{mn}S_{nj}\rangle \qquad (2.36)$$

を定義する．異なる文字は異なる整数を表すとすると，経路 γ は，

$$\begin{array}{lll} a\to a\to a\to a\to a, & a\to a\to a\to b\to a, & a\to a\to b\to a\to a, \\ a\to a\to b\to b\to a, & a\to a\to b\to c\to a, & a\to b\to a\to a\to a, \\ a\to b\to a\to b\to a, & a\to b\to a\to c\to a, & a\to b\to b\to a\to a, \\ a\to b\to b\to b\to a, & a\to b\to b\to c\to a, & a\to b\to c\to a\to a, \\ a\to b\to c\to b\to a, & a\to b\to c\to c\to a, & a\to b\to c\to d\to a \end{array}$$

の 15 個のタイプに分類できる．

2.2 ■ 固有値密度の普遍性

同じタイプの経路 γ は，整数 $(1, 2, \ldots, N)$ の置換によって互いに入れ替わる．そのため，K 個の異なる整数を含むタイプには，$N!/(N-K)!$ 個の γ が属する．また，S_{jl} $(j \leq l)$ はすべて独立に同じ分布関数に従って分布しているので，同じタイプ τ に属する経路 γ は，同じ平均

$$W(\tau) = \langle w(\gamma) \rangle \tag{2.37}$$

を与える．したがって，$\overline{x^4}$ の式 (2.34) を，タイプについての和の形

$$\overline{x^4} = \frac{1}{N^3} \sum_{\tau} \frac{N!}{(N-K)!} W(\tau) \tag{2.38}$$

に書き直すことができる．

S_{jl} の奇数次のモーメントはゼロだから，$\langle w(\gamma) \rangle$ は，(例えば，$\langle S_{12} S_{21} S_{13} S_{31} \rangle$ のように) 同じ乱数のペアから成っているときのみゼロでない．すなわち，ゼロでない項のタイプは，

$$a \to a \to a \to a \to a, \quad a \to a \to a \to b \to a, \quad a \to a \to b \to a \to a,$$
$$a \to b \to a \to a \to a, \quad a \to b \to a \to b \to a, \quad a \to b \to a \to c \to a,$$
$$a \to b \to b \to b \to a, \quad a \to b \to a \to b \to a, \quad a \to b \to c \to b \to a$$

の 9 通りである．また，N が大きいときには，$N!/(N-K)! \sim N^K$ なので，K が最大値をとる項以外は無視できる．ゼロでない項のタイプのうち，K が最大値 3 をとる項のタイプは

$$a \to b \to a \to c \to a, \quad a \to b \to c \to b \to a$$

の 2 通りである．したがって，

$$\overline{x^4} \sim \langle S_{ab} S_{ba} S_{ac} S_{ca} \rangle + \langle S_{ab} S_{bc} S_{cb} S_{ba} \rangle = 2\langle (S_{ab})^2 \rangle^2 = 2\sigma^2, \quad N \to \infty \tag{2.39}$$

が成立する．この結果は，ウィグナーの半円則から得られる予想 (2.26) の $k = 2$ の場合に一致している．

一般に，$2k$ が偶数のとき，$\overline{x^{2k}}$ は

$$\frac{1}{N^{k+1}} \langle S_{j_1 j_2} S_{j_2 j_3} \cdots S_{j_{2k} j_1} \rangle \tag{2.40}$$

の形の項の和で与えられる. $2k = 4$ のときと同様に, 経路

$$\gamma = j_1 \to j_2 \to j_3 \to \cdots \to j_{2k} \to j_1 \tag{2.41}$$

に対して

$$w(\gamma) = \langle S_{j_1 j_2} S_{j_2 j_3} \cdots S_{j_{2k} j_1} \rangle \tag{2.42}$$

を定義する. 同じタイプ τ に属する γ は同じ平均 $W(\tau) = \langle w(\gamma) \rangle$ を与え, $\overline{x^{2k}}$ は, タイプについての和の形

$$\overline{x^{2k}} = \frac{1}{N^{k+1}} \sum_\tau \frac{N!}{(N-K)!} W(\tau) \tag{2.43}$$

に表すことができる.

$2k = 4$ のときと同様に, $\langle w(\gamma) \rangle$ は, 同じ乱数のペアから成っているときのみゼロでない. また, N が大きいときには, K が最大値 $k+1$ をとる項以外は無視できる. これらの条件を満たす項のタイプを

$$\tau = a_1 \to a_2 \to a_3 \to \cdots \to a_{2k} \to a_1 \tag{2.44}$$

としよう. このタイプを左から見ていくときに, a_{l+1} が初めて見る整数のとき $s_l = 1$ として, そうでないとき $s_l = -1$ とする. ただし, $s_0 = 0$, $s_{2k} = -1$ とする. このとき,

$$T(n) = \sum_{l=0}^{n} s_l, \quad 0 \le n \le 2k \tag{2.45}$$

を定義すると,

$$T(n) \ge 0, \quad 0 \le n \le 2k \tag{2.46}$$

および

$$T(0) = T(2k) = 0 \tag{2.47}$$

が成り立つ. すなわち, n と $T(n)$ の関係を表すグラフを描くと, 点 $(0,0)$ を出発して, $T(n) \ge 0$ の条件を満たしながら $(2k, 0)$ に至る折れ線の経路を得る. 図 2.2 は, $2k = 20$ のときの経路の例である. このような経路が, 条件を満たす

2.2 ■ 固有値密度の普遍性

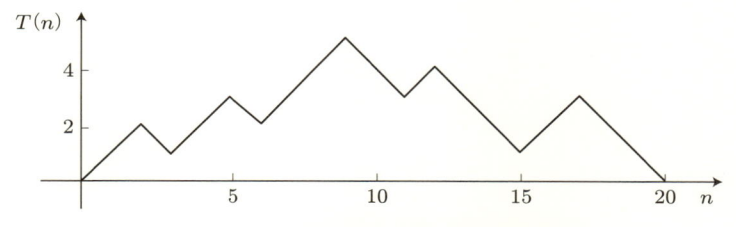

図 2.2 n と $T(n)$ の関係を表す折れ線の経路.

タイプに 1 対 1 対応している. したがって, このような経路の数 v_{2k} はタイプの数に等しく, モーメント $\overline{x^{2k}}$ の振る舞いを調べると,

$$\overline{x^{2k}} \sim v_{2k}\langle(S_{ab})^2\rangle^k = v_{2k}\sigma^k, \quad N \to \infty \tag{2.48}$$

となる. これまでの議論から, $v_2 = 1, v_4 = 2$ である. x のすべてのモーメントが σ のみで書かれ, S_{jl} の 4 次以上のモーメントにはよらないことから, 普遍性が示された. 普遍性が生じるのは, N が大きいとき, 場合の数 $N!/(N-K)!$ が大きい項 (K が最大値をとる項) 以外は無視できるためである.

折れ線の経路の数 v_{2k} は, **カタラン数** (Catalan number) と呼ばれ, 組み合わせ論においてよく知られている. その値は, 偶数 $2k$ に対して

$$v_{2k} = \frac{(2k)!}{k!(k+1)!} \tag{2.49}$$

である [4]. したがって,

$$\overline{x^{2k}} \sim \frac{(2k)!}{k!(k+1)!}\sigma^k, \quad N \to \infty \tag{2.50}$$

となり, ウィグナーの半円則から導かれる結果 (2.26) が成り立つ.

カタラン数の値を求める簡単な方法 (**鏡像原理**) を紹介しておこう. もし条件 $T(n) \geq 0$ がないとすれば, $T(n)$ のグラフ (すなわち点 $(0,0)$ を出発して $(2k, 0)$ に至る折れ線の経路) の数は $(2k)!/(k!)^2$ である. これらの経路のうち, 条件 $T(n) \geq 0$ を破るものは, 必ず途中で $T(n) = -1$ を満たす. そこで, $T(n) = -1$ となる最小の n を ν としよう. 図 2.3 の例では, $\nu = 9$ となっている. ここで, $\tilde{T}(n)$ を

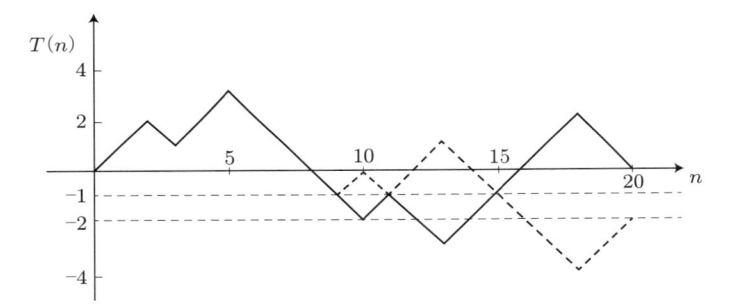

図 2.3 鏡像原理によるカタラン数の評価.

$$\tilde{T}(n) = \begin{cases} T(n) & (n < \nu) \\ -T(n) - 2 & (n \geq \nu) \end{cases} \tag{2.51}$$

によって定義する．図 2.3 に点線で表したように，$n \geq \nu$ のとき，$\tilde{T}(n)$ のグラフは $T(n)$ のグラフの鏡像になる．すなわち，$\tilde{T}(n)$ のグラフは，$T(n)$ のグラフのうち条件 $T(n) \geq 0$ を破るものと，鏡像により 1 対 1 対応している．さらに，$\tilde{T}(n)$ のグラフは，点 $(0,0)$ を出発して点 $(2k,-2)$ に至る折れ線の経路を与え，その数は $(2k)!/\{(k-1)!(k+1)!\}$ 個である．したがって，$T(n)$ のグラフのうち条件 $T(n) \geq 0$ を満たすものの数（すなわちカタラン数 v_{2k}）は，

$$v_{2k} = \frac{(2k)!}{(k!)^2} - \frac{(2k)!}{(k-1)!(k+1)!} = \frac{(2k)!}{k!(k+1)!} \tag{2.52}$$

となる．

2.2.2 マルチェンコ–パスツール則

次に，長方ランダム行列の普遍性として知られる**マルチェンコ–パスツール則**に対して，これまでと同様の議論を適用する．$M \times N$ 実長方行列 A の要素 A_{jl} が乱数であり，それぞれ独立に同じ分布関数に従って分布するとしよう．A_{jl} の奇数次のモーメントはゼロで偶数次のモーメントは有限であると仮定し，分散を σ と書く．ここでは $M \geq N$ の場合を考え，パラメータ α を

$$\alpha = \lim_{N \to \infty} \frac{M}{N}$$

2.2 ■ 固有値密度の普遍性

によって定義し，$\alpha \geq 1$ としよう．

このとき，実対称行列 $J = A^{\mathrm{T}} A$ の固有値分布を考える．ただし，A^{T} は A の転置行列である．固有値 $x_1, x_2, \ldots, x_N$ の分布の特徴をとらえるために，固有値密度

$$\rho(x) = \frac{1}{N} \sum_{j=1}^{N} \delta\left(x - \frac{x_j}{N}\right) \tag{2.53}$$

の平均 $\langle \rho(x) \rangle$ を用いる．マルチェンコ–パスツール則によれば，平均固有値密度は，N が大きいときに

$$\langle \rho(x) \rangle \sim \begin{cases} \dfrac{1}{2\pi\sigma x} \sqrt{(b-x)(x-a)} & (a < x < b) \\ 0 & (0 < x < a, \ x > b) \end{cases} \tag{2.54}$$

のように振る舞う [5]．ただし，

$$b = \sigma(\sqrt{\alpha} + 1)^2, \quad a = \sigma(\sqrt{\alpha} - 1)^2$$

である．

図 2.4 には，2000×1000 実長方行列 A の要素 A_{jl} が数値的に生成された -1 と 1 の間の一様乱数のときに，$J = A^{\mathrm{T}} A$ の固有値の（固有値密度 (2.53) に相当する）ヒストグラムを描いた．曲線はマルチェンコ–パスツール則 (2.54) を表す．このヒストグラムはただ一つのランダム行列 A に対するものである．このように，マルチェンコ–パスツール則は，ウィグナーの半円則と同様に，自己平均性をもつ．また，マルチェンコ–パスツール則は，A_{jl} の（$\langle A_{jl} \rangle = 0$, $\langle A_{jl}^2 \rangle = \sigma$ 以外の）高次のモーメントが有限でなくても成り立つことが知られている [4].

$\langle \rho(x) \rangle$ に対する x の k 次のモーメント $\overline{x^k}$ は，マルチェンコ–パスツール則によれば，N が大きいとき，

$$\begin{aligned}
\overline{x^k} &= \int x^k \langle \rho(x) \rangle \, dx \sim \int_a^b x^{k-1} \frac{\sqrt{(b-x)(x-a)}}{2\pi\sigma} \, dx \\
&= \sum_{L=1}^{k} \frac{k!(k-1)!}{L!(L-1)!(k-L)!(k-L+1)!} \alpha^L \sigma^k
\end{aligned} \tag{2.55}$$

となる．

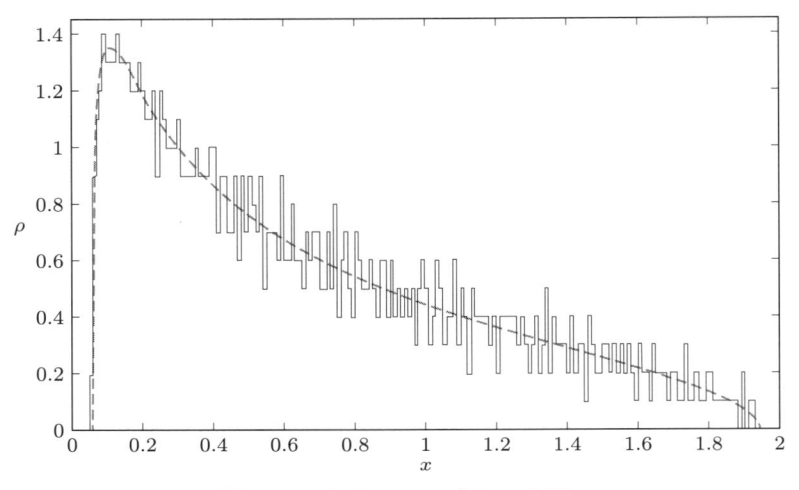

図 2.4 マルチェンコ–パスツール則.

そこで, マルチェンコ–パスツール則が成り立っていることを見るために, 上の結果が成り立つことを確かめよう. 平均固有値密度の定義によれば, $\overline{x^k}$ は

$$\overline{x^k} = \int x^k \langle \rho(x) \rangle \, dx = \frac{1}{N^{k+1}} \left\langle \sum_{j=1}^{N} (x_j)^k \right\rangle = \frac{1}{N^{k+1}} \langle \mathrm{tr}(J^k) \rangle \tag{2.56}$$

のように, $\mathrm{tr}(J^k)$ を使って書ける.

$k=1$ の場合は, A_{jl} の分散が σ であることから,

$$\overline{x} = \frac{1}{N^2} \langle \mathrm{tr}(J) \rangle = \frac{1}{N^2} \sum_{j=1}^{M} \sum_{m=1}^{N} \langle (A_{jm})^2 \rangle = \frac{M}{N} \sigma \sim \alpha \sigma, \quad N \to \infty$$

となり, マルチェンコ–パスツール則の結果と一致する.

次に, $k=2$ のときを調べると,

$$\overline{x^2} = \frac{1}{N^3} \langle \mathrm{tr}(J^2) \rangle = \frac{1}{N^3} \sum_{\mu=1}^{M} \sum_{\nu=1}^{M} \sum_{m=1}^{N} \sum_{n=1}^{N} \langle A^{\mathrm{T}}_{m\mu} A_{\mu n} A^{\mathrm{T}}_{n\nu} A_{\nu m} \rangle \tag{2.57}$$

となる. ここで, 経路

$$\gamma = m \to \mu \to n \to \nu \to m \tag{2.58}$$

2.2 ■ 固有値密度の普遍性

に対して

$$w(\gamma) = \langle A_{m\mu}^{\mathrm{T}} A_{\mu n} A_{n\nu}^{\mathrm{T}} A_{\nu m} \rangle \tag{2.59}$$

を定義する．異なるラテン文字（a, b）は異なる整数を表し，異なるギリシャ文字（ϕ, ψ）は異なる整数を表すとすると，経路 γ は，

$$a \to \phi \to a \to \phi \to a, \quad a \to \phi \to a \to \psi \to a,$$
$$a \to \phi \to b \to \phi \to a, \quad a \to \phi \to b \to \psi \to a$$

の 4 個のタイプに分類できる．

ラテン文字（a, b）の部分に K 個の異なる整数が含まれ，ギリシャ文字（ϕ, ψ）の部分に L 個の異なる整数が含まれるタイプについて考える．同じタイプの経路 γ は，ラテン文字の部分については整数 $(1, 2, \ldots, N)$ の置換，ギリシャ文字の部分については整数 $(1, 2, \ldots, M)$ の置換によって互いに入れ替わる．そのため，このタイプには，$N!M!/\{(N-K)!(M-L)!\}$ 個の γ が属する．また，A_{jl} はすべて独立に同じ分布関数に従って分布しているので，同じタイプ τ に属する経路 γ は，同じ平均 $W(\tau) = \langle w(\gamma) \rangle$ を与える．したがって，$\overline{x^2}$ の式 (2.57) を書き直して

$$\overline{x^2} = \frac{1}{N^3} \sum_{\tau} \frac{N!}{(N-K)!} \frac{M!}{(M-L)!} W(\tau) \tag{2.60}$$

とできる．

A_{jl} の奇数次のモーメントはゼロだから，$\langle w(\gamma) \rangle$ は，（例えば，$\langle A_{12}^{\mathrm{T}} A_{21} A_{13}^{\mathrm{T}} A_{31} \rangle$ のように）同じ乱数のペアから成っているときのみゼロでない．すなわち，ゼロでない項のタイプは，

$$a \to \phi \to a \to \phi \to a, \quad a \to \phi \to a \to \psi \to a, \quad a \to \phi \to b \to \phi \to a$$

の 3 通りである．また，N が大きいときには，$N!M!/\{(N-K)!(M-L)!\} \sim \alpha^L N^{K+L}$ なので，$K+L$ が最大値をとる項以外は無視できる．ゼロでない項のタイプのうち，$K+L$ が最大値 3 をとる項のタイプは

$$a \to \phi \to a \to \psi \to a, \quad a \to \phi \to b \to \phi \to a$$

の 2 通りである．したがって，

$$\overline{x^2} \sim \alpha^2 \langle A_{a\phi}^{\mathrm{T}} A_{\phi a} A_{a\psi}^{\mathrm{T}} A_{\psi a} \rangle + \alpha \langle A_{a\phi}^{\mathrm{T}} A_{\phi b} A_{b\phi}^{\mathrm{T}} A_{\phi a} \rangle$$
$$= \alpha(\alpha+1)\langle (A_{\phi a})^2 \rangle^2 = \alpha(\alpha+1)\sigma^2, \quad N \to \infty \qquad (2.61)$$

が成立する．この結果は，マルチェンコ–パスツール則から得られる予想 (2.55) の $k=2$ の場合に一致している．

一般に，$\overline{x^k}$ は，

$$\frac{1}{N^{k+1}} \langle A_{m_1\mu_1}^{\mathrm{T}} A_{\mu_1 m_2} A_{m_2\mu_2}^{\mathrm{T}} A_{\mu_2 m_3} \cdots A_{m_k\mu_k}^{\mathrm{T}} A_{\mu_k m_1} \rangle \qquad (2.62)$$

の形の項の和で与えられる．$k=2$ のときと同様に，経路

$$\gamma = m_1 \to \mu_1 \to m_2 \to \mu_2 \to \cdots \to m_k \to \mu_k \to m_1 \qquad (2.63)$$

に対して

$$w(\gamma) = \langle A_{m_1\mu_1}^{\mathrm{T}} A_{\mu_1 m_2} A_{m_2\mu_2}^{\mathrm{T}} A_{\mu_2 m_3} \cdots A_{m_k\mu_k}^{\mathrm{T}} A_{\mu_k m_1} \rangle \qquad (2.64)$$

を定義する．同じタイプ τ に属する γ は同じ平均 $W(\tau) = \langle w(\gamma) \rangle$ を与え，$\overline{x^k}$ は，タイプについての和の形

$$\overline{x^k} = \frac{1}{N^{k+1}} \sum_\tau \frac{N!}{(N-K)!} \frac{M!}{(M-L)!} W(\tau) \qquad (2.65)$$

に表すことができる．

$k=2$ のときと同様に，$\langle w(\gamma) \rangle$ は，同じ乱数のペアから成っているときのみゼロでない．また，N が大きいときには，$K+L$ が最大値 $k+1$ をとる項以外は無視できる．これらの条件を満たす項のタイプを

$$\tau = a_1 \to \phi_1 \to a_2 \to \phi_2 \to \cdots \to a_k \to \phi_k \to a_1 \qquad (2.66)$$

としよう．このタイプを左から見ていくときに，ギリシャ文字の部分において ϕ_{l+1} が初めて見る整数のとき $s_{2l+1}=1$ として，そうでないとき $s_{2l+1}=-1$ とする．また，ラテン文字の部分において a_{l+1} が初めて見る整数のとき $s_{2l}=1$ として，そうでないとき $s_{2l}=-1$ とする．ただし，$s_0=0, s_{2k}=-1$ とする．このとき，

$$T(n) = \sum_{l=0}^{n} s_l, \quad 0 \le n \le 2k \qquad (2.67)$$

2.2 ■固有値密度の普遍性

を定義すると,

$$T(n) \geq 0, \quad 0 \leq n \leq 2k \tag{2.68}$$

および

$$T(0) = T(2k) = 0 \tag{2.69}$$

が成り立つ.すなわち,n と $T(n)$ の関係を表すグラフを描くと,点 $(0,0)$ を出発して,$T(n) \geq 0$ の条件を満たしながら $(2k,0)$ に至る折れ線の経路を得る.ただし,考えているタイプのギリシャ文字の部分には,L 個の異なる整数が含まれていることに注意しよう.そのようなタイプに対応する経路においては,$T(n) - T(n-1) = 1$ を満たす奇数 n の数は L となる.そのような経路が,条件を満たすタイプに 1 対 1 対応している.したがって,そのような経路の数 $u_k(L)$ はタイプの数に等しく,モーメント $\overline{x^k}$ の振る舞いを調べると,

$$\overline{x^k} \sim \sum_{L=1}^{k} u_k(L)\alpha^L \langle (A_{\phi a})^2 \rangle^k = \sum_{L=1}^{k} u_k(L)\alpha^L \sigma^k, \quad N \to \infty \tag{2.70}$$

となる.すなわち,x のすべてのモーメントが σ と α のみで書かれ,A_{jl} の 4 次以上のモーメントにはよらないことから,普遍性が示された.

例えば $k=4$ のとき,折れ線の経路は,L の値によって図 2.5 に示したように分類される.すなわち,$u_4(1) = u_4(4) = 1, u_4(2) = u_4(3) = 6$ である.一般に,L の値を指定したときの折れ線の経路の数 $u_k(L)$ は,**ナラヤナ数**(Narayana number)と呼ばれ,

$$u_k(L) = \frac{k!(k-1)!}{L!(k-L)!(L-1)!(k-L+1)!} \tag{2.71}$$

となることが知られている [6]. したがって,

$$\overline{x^k} \sim \sum_{L=1}^{k} \frac{k!(k-1)!}{L!(L-1)!(k-L)!(k-L+1)!} \alpha^L \sigma^k \tag{2.72}$$

となり,マルチェンコ−パスツール則から導かれる結果 (2.55) が成り立つ.

（a）$L=1$　　（b）$L=2$　　（c）$L=3$　　（d）$L=4$

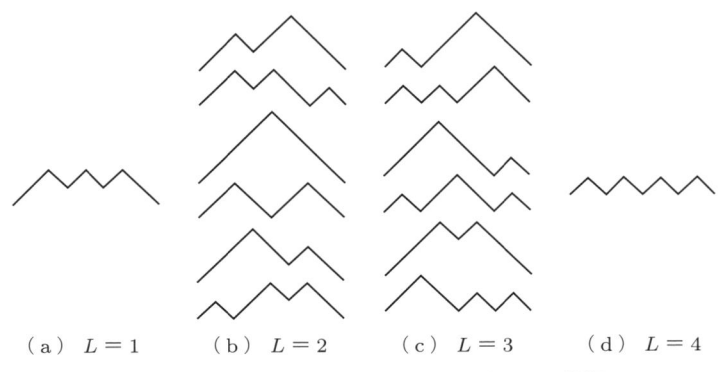

図 2.5　折れ線の経路 ($k=4$) の L の値による分類.

2.2.3　円則と楕円則

対称性のない実ランダム行列に対しては，固有値が複素平面上で円盤状に分布する**円則**が知られている．$N \times N$ 実行列 X の要素 X_{jl} が乱数であり，それぞれ独立に同じ分布関数に従って分布するとしよう．X_{jl} の奇数次のモーメントはゼロで偶数次のモーメントは有限であると仮定し，分散を σ と書く．

実行列 X の固有値は一般には複素数であり，

$$z_j = x_j + iy_j, \quad j = 1, 2, \ldots, N$$

のように書ける（x_j, y_j は，それぞれ，固有値 z_j の実部と虚部である）．それらの分布の特徴を知るために，固有値密度

$$\rho(x,y) = \frac{1}{N} \sum_{j=1}^{N} \delta\left(x - \frac{x_j}{\sqrt{N}}\right) \delta\left(y - \frac{y_j}{\sqrt{N}}\right) \tag{2.73}$$

の平均 $\langle \rho(x,y) \rangle$ について考える．

実非対称ランダム行列に対する円則によれば，平均固有値密度は，N が大きいときに

$$\langle \rho(x,y) \rangle \sim \begin{cases} \dfrac{1}{\pi\sigma} & (x^2 + y^2 < \sigma) \\ 0 & (x^2 + y^2 > \sigma) \end{cases} \tag{2.74}$$

のように振る舞う [7,8]．

2.2 ■固有値密度の普遍性

$\langle \rho(x,y) \rangle$ に対する複素数 $z = x + iy$ の k 次のモーメントは，円則によれば，N が大きいとき，

$$\overline{z^k} = \int (x+iy)^k \langle \rho(x,y) \rangle \, dxdy$$
$$\sim \frac{1}{\pi\sigma} \int_0^{\sqrt{\sigma}} dr \int_0^{2\pi} d\theta \, r^{k+1} e^{ik\theta} = 0, \quad k \geq 1 \tag{2.75}$$

となる (z の極座標表示 $z = re^{i\theta}$ を使って積分を評価した)．この結果から明らかなように，z の k 次のモーメント $\overline{z^k}$ の振る舞いがわかるだけでは，不十分な情報しか得られず，円則を一意的に導くことはできない．このように，実非対称ランダム行列の解析には困難がある．しかし，現在では，円則が（X_{jl} の高次のモーメントが有限でなくても）成り立つことが示されている [9]．

ここで，実非対称ランダム行列 X_{jl} を一般化して，次のような相関を取り入れることを考える．

$$\langle X_{jl} X_{lj} \rangle = \tau\sigma, \quad j \neq l \tag{2.76}$$

これにより，

$$\tau = 1 \quad \longleftrightarrow \quad \text{対称行列,}$$
$$\tau = 0 \quad \longleftrightarrow \quad \text{完全非対称行列,}$$
$$\tau = -1 \quad \longleftrightarrow \quad \text{反対称行列}$$

の対応ができて，これらの間の遷移を記述することができる．

このような相関をもつランダム行列に対しては，円則を一般化した**楕円則**が成り立つと考えられている．楕円則によれば，平均固有値密度は，N が大きいときに

$$\langle \rho(x,y) \rangle \sim \begin{cases} \dfrac{1}{\pi\xi\eta\sigma} & \left(\left(\dfrac{x}{\xi}\right)^2 + \left(\dfrac{y}{\eta}\right)^2 < \sigma\right) \\ 0 & \left(\left(\dfrac{x}{\xi}\right)^2 + \left(\dfrac{y}{\eta}\right)^2 > \sigma\right) \end{cases} \tag{2.77}$$

のように振る舞う [10]．ただし，$\xi = 1+\tau$，$\eta = 1-\tau$ である．

楕円則によれば，N が大きいとき，$z = x + iy$ の奇数次のモーメントはゼロになり，偶数次のモーメントは

$$\overline{z^{2k}} = \int (x+iy)^{2k} \langle \rho(x,y) \rangle \, dxdy$$

$$\sim \frac{1}{\pi\sigma} \int_0^{\sqrt{\sigma}} dr \int_0^{2\pi} d\theta \, r^{2k+1} (\xi\cos\theta + i\eta\sin\theta)^{2k}$$

$$= \frac{(2k)!}{k!(k+1)!} (\tau\sigma)^k \tag{2.78}$$

となる.上に述べたように,z の k 次のモーメント $\overline{z^k}$ の振る舞いがわかるだけでは,楕円則を一意的に導くには不十分である.しかし,$\overline{z^k}$ を計算して,楕円則の結果との一致を確かめることはできる.

まず,$k=1$ のときには,X_{jl} の平均がゼロであることから,

$$\overline{z} = \frac{1}{N^{3/2}} \langle \mathrm{tr}(X) \rangle = \frac{1}{N^{3/2}} \sum_{j=1}^N \langle X_{jj} \rangle = 0 \tag{2.79}$$

となり,楕円則の結果と一致する.

次に,$k=2$ のときには,

$$\overline{z^2} = \frac{1}{N^2} \langle \mathrm{tr}(X^2) \rangle = \frac{1}{N^2} \sum_{j=1}^N \sum_{l=1}^N \langle X_{jl} X_{lj} \rangle$$

$$= \frac{1}{N^2} \left(\sum_{j=1}^N \langle (X_{jj})^2 \rangle + \sum_{j \neq l}^N \langle X_{jl} X_{lj} \rangle \right)$$

$$= \frac{1}{N^2} (N\sigma + N(N-1)\tau\sigma) \sim \tau\sigma, \quad N \to \infty \tag{2.80}$$

となり,やはり,楕円則と一致する.

$k=3$ のときは,

$$\overline{z^3} = \frac{1}{N^{5/2}} \langle \mathrm{tr}(X^3) \rangle = \frac{1}{N^{5/2}} \sum_{j=1}^N \sum_{l=1}^N \sum_{m=1}^N \langle X_{jl} X_{lm} X_{mj} \rangle \tag{2.81}$$

となる.X_{jl} の奇数次のモーメントはゼロとしたので,$\langle X_{jl} X_{lm} X_{mj} \rangle = 0$ より,

$$\overline{z^3} = 0 \tag{2.82}$$

である.同様に,z の奇数次のモーメントはすべてゼロになり,楕円則と一致する.

2.2 ■ 固有値密度の普遍性

一般に，$2k$ が偶数のとき，$\overline{z^{2k}}$ は

$$\frac{1}{N^{k+1}}\langle X_{j_1 j_2} X_{j_2 j_3} \cdots X_{j_{2k} j_1}\rangle \tag{2.83}$$

の形の項の和になる．ここで，経路

$$\gamma = j_1 \to j_2 \to j_3 \to \cdots \to j_{2k} \to j_1 \tag{2.84}$$

および経路のタイプを導入し，$\overline{z^{2k}}$ を経路のタイプについての和の形に表す．実対称行列に対するウィグナーの半円則を考えたときと同様の議論により，N が大きいときには，

$$\overline{z^{2k}} \sim v_{2k}\langle X_{ab} X_{ba}\rangle^k = v_{2k}(\tau\sigma)^k \tag{2.85}$$

となる．ここで，a と b は互いに異なる整数であり，v_{2k} はカタラン数である．したがって，式 (2.49) より，

$$\overline{z^{2k}} \sim \frac{(2k)!}{k!(k+1)!}(\tau\sigma)^k, \quad N \to \infty \tag{2.86}$$

となり，楕円則から導かれる結果 (2.78) に一致する．

2.2.4 普遍性の破れ

ランダム行列の応用においては，疎行列（多くの要素がゼロの行列）が現れることがある．例えば，$N \times N$ 実対称行列 S の要素 S_{jl} $(j \leq l)$ が，確率密度関数

$$P_{\text{sparse}}(x)dx = ((1-\epsilon)\delta(x) + \epsilon P(x))dx, \quad 0 < \epsilon < 1 \tag{2.87}$$

に従って独立に分布する場合を考えてみよう．ただし，$P(x)$ は，ゼロでない要素の確率密度関数である．このとき，

$$\int x^j P_{\text{sparse}}(x)\,dx = \epsilon \int x^j P(x)\,dx, \quad j = 1, 2, 3, \ldots \tag{2.88}$$

だから，$P_{\text{sparse}}(x)$ に対するモーメントは $P(x)$ に対するモーメントの ϵ 倍になる．したがって，もし $P(x)$ が S_{jl} の確率密度関数として 2.2.1 項の条件（奇数次のモーメントはゼロで偶数次のモーメントは有限）を満たしていれば，

$P_{\text{sparse}}(x)$ も満たすことになる.すなわち,ϵ がどんなにゼロに近くても,σ を $\epsilon\sigma$ に置き換えた形のウィグナーの半円則が成立する.

上の形の疎行列においてウィグナーの半円則を破るには,ϵ を N に依存させる必要がある.例えば,κ を定数として $\epsilon = \kappa/N$ の形になっていれば,ウィグナーの半円則が破れることが知られている [11].

2.3 固有値密度のゆらぎ

2.3.1 ゆらぎの普遍性

ウィグナーは,原子核物理学にランダム行列理論を導入し,高励起エネルギー準位の分布がランダム行列によって再現できると考えた(第 4 章参照).この考え方は,後に固体物理学の分野において精密化され,メソスコピック系や量子カオス系の物理学を大きく発展させることになった [12, 13].このような**エネルギー準位統計**の問題において重要な役割を果たすランダム行列の普遍性は,これまでに述べた平均固有値密度の普遍性ではなく,固有値密度のゆらぎの普遍性である.物理系を記述するエネルギー準位の密度は系の特性に依存し普遍的でないのに対し,準位密度のゆらぎには普遍性があり,ランダム行列によって再現されることに着目するのである.

固有値密度のゆらぎを表す量としては,最近接固有値間隔分布や最小二乗偏差などが知られているが,ここでは 2 点相関関数を取り上げる.2.2.1 項においては,ランダム行列の実固有値を $x_1, x_2, \ldots, x_N$ とするときに,固有値密度

$$\rho(x) = \frac{1}{N} \sum_{j=1}^{N} \delta\left(x - \frac{x_j}{\sqrt{N}}\right) \tag{2.89}$$

の平均 $\langle \rho(x) \rangle$ を考えた.それに対し,2 点相関関数は,

$$\rho(x, y) = \frac{1}{N(N-1)} \sum_{\substack{j,l=1 \\ (j \neq l)}}^{N} \delta\left(x - \frac{x_j}{\sqrt{N}}\right) \delta\left(y - \frac{x_l}{\sqrt{N}}\right) \tag{2.90}$$

の平均 $\langle \rho(x, y) \rangle$ として定義される.さらに,点 z の近傍における 2 点相関関数の局所的な振る舞いを知るために,**局所相関関数**

2.3 ■ 固有値密度のゆらぎ

$$\bar{\rho}(\omega_1, \omega_2) = \lim_{N \to \infty} \frac{1}{\langle \rho(z) \rangle^2} \left\langle \rho \left(z + \frac{1}{N \langle \rho(z) \rangle} \omega_1, z + \frac{1}{N \langle \rho(z) \rangle} \omega_2 \right) \right\rangle \quad (2.91)$$

を導入しよう．すなわち，局所相関関数とは，平均固有値密度が各点 z において均一になるようにスケール変換を行った上で，固有値密度のゆらぎを取り出したものである．固有値密度のゆらぎの普遍性は，この局所相関関数に現れる．

固有値密度のゆらぎを議論するときに重要なのは，普遍性クラスの概念である．例えば，2.2.1 項で考えた $N \times N$ 実対称行列 S の普遍性クラスを代表するガウス型アンサンブルは，**ガウス型直交アンサンブル**（Gaussian orthogonal ensemble: GOE）である．ガウス型直交アンサンブルは，確率密度関数

$$P_{\text{GOE}}(S)[dS] \propto \exp\left(-\frac{1}{2}\text{tr}(S^2)\right)[dS] \quad (2.92)$$

に従うランダム行列の集団として定義される．ただし，測度 $[dS]$ は

$$[dS] = \prod_{j=1}^{N} dS_{jj} \prod_{j<l}^{N} dS_{jl} \quad (2.93)$$

によって与えられる．直交アンサンブルと呼ばれるのは，実直交行列 R に対して測度の不変性

$$[dS] = [d(RSR^{-1})] \quad (2.94)$$

が成り立つため，直交変換 $S \mapsto RSR^{-1}$ のもとで $P_{\text{GOE}}(S)[dS]$ が不変だからである．ここで，

$$\exp\left(-\frac{1}{2}\text{tr}(S^2)\right) = \prod_{j=1}^{N} \exp\left(-\frac{1}{2}S_{jj}^2\right) \prod_{j<l}^{N} \exp\left(-S_{jl}^2\right) \quad (2.95)$$

に注意すると，ガウス型直交アンサンブルにおいては，実対称行列 S の対角要素が独立に分散 1 のガウス分布に従い，非対角要素が独立に分散 $1/2$ のガウス分布に従うことがわかる．

N が大きいときには，数の少ない対角要素からの影響は無視できるので，ガウス型直交アンサンブルに 2.2.1 項の議論（$\sigma = 1/2$ の場合）を適用することができる．すなわち，ウィグナーの半円則

$$\langle \rho(x) \rangle \sim \begin{cases} \dfrac{1}{\pi}\sqrt{2-x^2} & (|x| < \sqrt{2}) \\ 0 & (|x| > \sqrt{2}) \end{cases} \quad (2.96)$$

が成り立つ.そこで,$|z| < \sqrt{2}$ として局所相関関数を評価すると,$\omega = \omega_1 - \omega_2$ に対して z によらない結果

$$\bar{\rho}(\omega_1, \omega_2) = 1 - \left(\frac{\sin(\pi\omega)}{\pi\omega}\right)^2 + \int_0^1 u \sin(\pi u \omega)\, du \int_1^\infty \frac{\sin(\pi v \omega)}{v}\, dv \quad (2.97)$$

を得る [14]. これは,ガウス型直交アンサンブルという特定のモデルから導かれた結果である.しかし,GOE 普遍性クラスと呼ばれる広い範囲の実対称行列から,全く同じ局所相関関数が得られることが期待されている.実際,2.2.1 項で考えたような行列要素が独立同分布する場合について,普遍性の証明が進められている [15]. さらに,メソスコピック系,量子カオス系,複雑ネットワークなどの物理系にも,GOE 普遍性クラスは広がっていると考えられる.

一方,$N \times N$ 複素エルミート行列 H の普遍性クラスを代表するガウス型アンサンブルは,**ガウス型ユニタリアンサンブル**(Gaussian unitary ensemble: GUE)である.ガウス型ユニタリアンサンブルは,確率密度関数

$$P_{\text{GUE}}(H)[dH] \propto \exp\left(-\text{tr}(H^2)\right)[dH] \quad (2.98)$$

に従うランダム行列の集団である.ただし,測度は

$$[dH] = \prod_{j=1}^{N} dH_{jj} \prod_{j<l}^{N} d(\text{Re}H_{jl}) d(\text{Im}H_{jl}) \quad (2.99)$$

とする.H は複素エルミート行列なので,H_{jl} は H_{lj} の複素共役に等しく,非対角要素 H_{jl} は実部 $\text{Re}H_{jl}$ と $\text{Im}H_{jl}$ をもつ.ユニタリアンサンブルという名称は,U をユニタリ行列とするとき,測度の不変性

$$[dH] = [d(UHU^{-1})] \quad (2.100)$$

より,ユニタリ変換 $H \mapsto UHU^{-1}$ のもとで $P_{\text{GUE}}(H)[dH]$ が不変になることを意味する.また,

2.3 ■ 固有値密度のゆらぎ

$$\exp\left(-\mathrm{tr}(H^2)\right) = \prod_{j=1}^{N} \exp\left(-H_{jj}^2\right) \prod_{j<l}^{N} \exp\left(-2(\mathrm{Re}H_{jl})^2 - 2(\mathrm{Im}H_{jl})^2\right)$$
(2.101)

からわかるように,ガウス型ユニタリアンサンブルにおいては,複素エルミート行列 H の対角要素が独立に分散 1/2 のガウス分布に従い,非対角要素の実部と虚部が独立に分散 1/4 のガウス分布に従う.

ガウス型ユニタリアンサンブルに対しても 2.2.1 項と同様の議論を適用することが可能であり,平均固有値密度に対してウィグナーの半円則 (2.96) が成り立つことが示される.さらに,$|z| < \sqrt{2}$ として局所相関関数を評価すると,z によらない結果

$$\bar{\rho}(\omega_1, \omega_2) = 1 - \left(\frac{\sin(\pi(\omega_1 - \omega_2))}{\pi(\omega_1 - \omega_2)}\right)^2$$
(2.102)

を得る [14].このように,ガウス型ユニタリアンサンブルは,ガウス型直交アンサンブルとは異なる局所相関関数を(同じ形の半円則を満たすにもかかわらず)与える.この結果は,GOE の場合と同様に,GUE 普遍性クラスと呼ばれる広い範囲の複素エルミート行列から得られると予想されている.エネルギー準位統計においては,GOE 普遍性クラスが時間反転対称な物理系に対応しているのに対し,GUE 普遍性クラスは時間反転対称性の破れた場合に対応している.したがって,メソスコピック系などに磁場を加えて時間反転対称性を破ることにより,GOE 普遍クラスから GUE 普遍性クラスへの遷移を起こすことができる.また,整数論におけるリーマン(Riemann)のゼータ関数 $\zeta(z)$ の非自明なゼロ点(複素平面上の直線 $\mathrm{Re}\, z = 1/2$ 上のゼロ点)の分布が GUE 普遍性クラスに属しているという予想もよく知られている.これについては,ゼータ関数の背後にある素数分布と量子カオス系の背後にある周期軌道分布を対応させることにより,エネルギー準位統計の問題に関連づけた研究が進められている [16].

上に述べたように,ガウス型直交アンサンブルとガウス型ユニタリアンサンブルは,ともに半円則を満たす.すなわち,N が大きいとき,平均固有値密度 $\langle\rho(x)\rangle$ が同じ漸近形 (2.96) をもつ.しかし,$\langle\rho(x)\rangle$ の分布端における漸近形には,違いが現れることを指摘しておきたい [17].分布端 $x = \sqrt{2}$ 付近での振る舞いを見るために,

$$\rho_{\text{edge}}(X) = \frac{N^{1/3}}{\sqrt{2}} \left\langle \rho\left(\sqrt{2} + \frac{X}{\sqrt{2}N^{2/3}}\right) \right\rangle \quad (2.103)$$

を導入してスケール変換を行う．N が大きいとき，ガウス型直交アンサンブルに対しては，エアリー関数 $\text{Ai}(x)$ を含む漸近形

$$\rho_{\text{edge}}(X) \sim \int_0^\infty (\text{Ai}(X+u))^2 du + \frac{1}{2}\text{Ai}(X) \int_0^\infty \text{Ai}(X-u)du \quad (2.104)$$

が導かれる．一方，ガウス型ユニタリアンサンブルに対しては，

$$\rho_{\text{edge}}(X) \sim \int_0^\infty (\text{Ai}(X+u))^2 du \quad (2.105)$$

となる．これらの分布端における漸近形も，ガウス型アンサンブルに限られた性質ではなく，普遍性があることが知られている [18]．

2.3.2 局所相関関数の導出

以下では，ガウス型ユニタリアンサンブルの局所相関関数 (2.102) が，どのようにして導出されるかを説明しよう．ガウス型直交アンサンブルの局所相関関数 (2.97) については，込み入った議論が必要になるため，ここでは扱わない．

まず，確率密度関数 (2.98) の変数を，行列要素の実部と虚部から固有値と固有ベクトルの要素に変換することを考える．複素エルミート行列 H は，ユニタリ行列 U を用いて

$$H = UDU^\dagger \quad (2.106)$$

のように対角化される．対角行列 D の対角要素は H の固有値 $x_1, x_2, \ldots, x_N$ であり，$U^\dagger = U^{-1}$ は U のエルミート共役行列である．したがって，行列の微分について

$$dH = UdDU^\dagger + dUDU^\dagger + UDdU^\dagger \quad (2.107)$$

を得る．ここで，ユニタリ変換に対する測度の不変性 (2.100) を使うと，

$$[dH] = [dD + U^\dagger dUD + DdU^\dagger U] \quad (2.108)$$

となる．さらに，$U^\dagger U = I$（I は単位行列）より，dV を

2.3 ■ 固有値密度のゆらぎ

によって定義できる．したがって，

$$dV = U^\dagger dU = -dU^\dagger U \tag{2.109}$$

$$[dH] = [dD + dVD - DdV] \tag{2.110}$$

である．これにより，測度に対して

$$[dH] = \prod_{j=1}^{N} dx_j \prod_{j<l}^{N} |x_j - x_l|^2 d(\mathrm{Re}V_{jl})\, d(\mathrm{Im}V_{jl}) \tag{2.111}$$

が導かれる．すなわち，

$$P_{\mathrm{GUE}}(H)[dH] \propto \prod_{j=1}^{N} e^{-x_j^2} dx_j \prod_{j<l}^{N} |x_j - x_l|^2 d(\mathrm{Re}V_{jl}) d(\mathrm{Im}V_{jl}) \tag{2.112}$$

である．固有ベクトル変数について積分すると，固有値の確率密度関数

$$P_{\mathrm{GUE}}(x_1, x_2, \cdots, x_N) \prod_{j=1}^{N} dx_j = c \prod_{j=1}^{N} e^{-x_j^2} \prod_{j<l}^{N} |x_j - x_l|^2 \prod_{j=1}^{N} dx_j \tag{2.113}$$

を得る（c は規格化定数である）．

2 点相関関数の平均 $\langle \rho(x,y) \rangle$ を定義 (2.90) に従って計算すると，

$$\langle \rho(x,y) \rangle = N \int_{-\infty}^{\infty} dx_3 \cdots \int_{-\infty}^{\infty} dx_N P_{\mathrm{GUE}}(\sqrt{N}x, \sqrt{N}y, x_3, x_4, \ldots, x_N) \tag{2.114}$$

となる．右辺の多重積分を評価するために，恒等式

$$\prod_{j>l}^{N}(x_j - x_l) = \det[x_j^{k-1}]_{j,k=1,2,\ldots,N} \tag{2.115}$$

を用いる．ここで，**エルミート多項式**

$$H_n(x) = (-1)^n e^{x^2} \frac{d^n}{dx^n} e^{-x^2} \tag{2.116}$$

に対して，x の最高次（n 次）の項の係数が 1 である多項式

$$C_n(x) = \frac{1}{2^n} H_n(x) \tag{2.117}$$

を定義しよう．エルミート多項式の性質により [19], $C_n(x)$ は直交関係

$$\int_{-\infty}^{\infty} e^{-x^2} C_m(x) C_n(x) dx = h_n \delta_{mn}, \quad n = 0, 1, 2, \ldots \quad (2.118)$$

および漸化式

$$xC_n(x) = C_{n+1}(x) + \frac{h_n}{h_{n-1}} C_{n-1}(x), \quad n = 1, 2, 3, \ldots \quad (2.119)$$

を満たす（ただし，$h_n = \sqrt{\pi} n!/2^n$）．このとき，行列式の性質により，式 (2.115) の右辺を

$$\prod_{j>l}^{N} (x_j - x_l) = \det[C_{k-1}(x_j)]_{j,k=1,2,\ldots,N} = \sum_{P} (-1)^P \prod_{j=1}^{N} C_{P(j)-1}(x_j) \quad (2.120)$$

と書き直すことができる．ただし，P は $(1, 2, \ldots, N)$ の置換であり，$(-1)^P$ は P の符号とする．したがって，P, Q を $(1, 2, \ldots, N)$ の置換とするとき，式 (2.113) と式 (2.120) を用いて式 (2.114) の多重積分を

$$\int_{-\infty}^{\infty} dx_3 \ldots \int_{-\infty}^{\infty} dx_N P_{\text{GUE}}(x_1, x_2, \ldots, x_N)$$
$$= c \sum_{P,Q} (-1)^{P+Q} e^{-x_1^2 - x_2^2} C_{P(1)-1}(x_1) C_{P(2)-1}(x_2) C_{Q(1)-1}(x_1) C_{Q(2)-1}(x_2)$$
$$\times \prod_{j=3}^{N} \int_{-\infty}^{\infty} e^{-x^2} C_{P(j)-1}(x) C_{Q(j)-1}(x) dx$$

と書き直せる．ところが，直交関係 (2.118) により $j \geq 3$ に対して $P(j) = Q(j)$ を満たす項以外はゼロになるので，結局

$$\langle \rho(x,y) \rangle = \frac{1}{N-1} \left(K(\sqrt{N}x, \sqrt{N}x) K(\sqrt{N}y, \sqrt{N}y) - K(\sqrt{N}x, \sqrt{N}y)^2 \right) \quad (2.121)$$

を得る．ただし，

$$K(x,y) = e^{-(x^2+y^2)/2} \sum_{j=0}^{N-1} \frac{1}{h_j} C_j(x) C_j(y) \quad (2.122)$$

2.3 ■ 固有値密度のゆらぎ

である.ここで,規格化条件

$$\int\int \langle \rho(x,y)\rangle dxdy = 1 \tag{2.123}$$

より $1/c = N! \prod_{n=0}^{N-1} h_n$ となることを用いた.同様の議論により,平均固有値密度が

$$\langle \rho(x)\rangle = \frac{1}{\sqrt{N}} K(\sqrt{N}x, \sqrt{N}x) \tag{2.124}$$

となることも示される.したがって,ウィグナーの半円則 (2.96) より,

$$\langle \rho(0)\rangle = \frac{1}{\sqrt{N}} K(0,0) \sim \frac{\sqrt{2}}{\pi}, \quad N \to \infty \tag{2.125}$$

が成り立つ.

一方,$K(x,y)$ の漸近形を求めるためには,漸化式 (2.119) より,

$$K(x,y) = e^{-(x^2+y^2)/2} \frac{1}{h_{N-1}} \frac{C_N(x)C_{N-1}(y) - C_{N-1}(x)C_N(y)}{x-y} \tag{2.126}$$

が導出できることに着目すればよい.これにエルミート多項式の漸近公式 [19]

$$\frac{(n/2)!}{n!} e^{-x^2/2} H_n(x) \sim \cos\left(\sqrt{2n+1}\, x - \frac{n\pi}{2}\right), \quad n \to \infty \tag{2.127}$$

(ただし,Δ を任意の正の実数として $|x| \le \Delta$)を代入すると,

$$K\left(\frac{\omega_1}{\sqrt{N}\langle\rho(0)\rangle}, \frac{\omega_2}{\sqrt{N}\langle\rho(0)\rangle}\right) \sim \frac{\sqrt{2N}}{\pi} \frac{\sin(\pi(\omega_1-\omega_2))}{\pi(\omega_1-\omega_2)}, \quad N \to \infty \tag{2.128}$$

を得る.式 (2.91), (2.121), (2.125), (2.128) より,$z=0$ のときの局所相関関数は

$$\bar{\rho}(\omega_1, \omega_2) = 1 - \left(\frac{\sin(\pi(\omega_1-\omega_2))}{\pi(\omega_1-\omega_2)}\right)^2 \tag{2.129}$$

となり,式 (2.102) と一致する.より一般的なエルミート多項式の漸近公式を用いて,局所相関関数が z ($|z| < \sqrt{2}$) によらないことを示すこともできる [20].

単純化されたランダム行列モデルが物理学などの様々な問題に応用されることの背景には，行列のサイズが大きいときに得られる普遍性がある．この章では，ランダム行列の普遍性のいくつかを紹介するとともに，代表的な例について，普遍性の現れる理由を解説した．

▪ 第 2 章の関連図書 ▪

[1] 清水良一:「中心極限定理（シリーズ 新しい応用の数学 14）」, 教育出版 (1976)

[2] E.P. Wigner: Ann. Math. **67** (1958) 325.

[3] V.L. Girko: *Theory of Random Determinants*, Kluwer Academic Publishers (1990)

[4] Z.D. Bai and J.W. Silverstein: *Spectral Analysis of Large Dimensional Random Matrices* (Mathematical Monograph Series 2), Science Press (2006)

[5] V.A Marčenko and L.A. Pastur: Math. USSR-Sbornik **1** (1967) 457.

[6] S. Péché: Probab. Theory Relat. Fields **143** (2009) 481.

[7] V.L. Girko: Theory Probab. Appl. **29** (1985) 694.

[8] Z.D. Bai: Ann. Probab. **25** (1997) 494.

[9] T. Tao, V. Vu and M. Krishnapur: Ann. Probab. **38** (2010) 2023.

[10] H.J. Sommers, A. Crisanti, H. Sompolinsky and Y. Stein: Phys. Rev. Lett. **60** (1988) 1895.

[11] G.J. Rodgers and A.J. Bray: Phys. Rev. **B37** (1988) 3557.

[12] C.W.J. Beenakker: Rev. Mod. Phys. **69** (1997) 731.

[13] F. Haake: *Quantum Signatures of Chaos* (3rd edition), Springer (2010)

[14] M.L. Mehta: *Random Matrices* (3rd edition), Elsevier (2004)

[15] L. Erdös, B. Schlein and H.-T. Yau: Invent. Math. **185** (2011) 75.

[16] M.V. Berry and J.P. Keating: SIAM Review **41** (1999) 236.

[17] P.J. Forrester, T. Nagao and G. Honner: Nucl. Phys. **B553** (1999) 601.

[18] A. Soshnikov: Comm. Math. Phys. **207** (1999) 697.

[19] G. Szegö: *Orthogonal Polynomials* (4th edition), American Mathematical Society (1975)

[20] A. Pandey: Ann. Phys. **119** (1979) 170.

第3章
ランダム行列への情報統計力学的アプローチ

　ランダムな磁性体という"モノ"（物理学）の研究で発展した統計力学の解析法が"コト"（情報科学）の問題に応用され画期的な成果が得られる．こうした事例が1980年代の半ばから目立つようになってきた [1–6]．シャノンは確率概念にもとづいた数量化により情報を数理的に扱う枠組み，情報理論，を開拓した [7]．このことが示すように，ランダム性は情報を特徴づける際に不可欠な概念であり，ランダムという共通した性質に着眼しモノとコトを並べてみるとどちらか一方だけを眺めていたときには気づかなかった方法や現象が見えてくる．このような研究は，現在，情報統計力学と呼ばれ数理と物理の境界に位置する新しい分野複合領域として徐々にその存在感を増しつつある [8–10]．

　ランダム行列はこの新しい領域でも様々な場面に顔を出す．本章では，そのなかでもとくにランダム行列が主役級の役割を演じる問題を選び，情報統計力学ではそれらをどのように"料理している"のか，について紹介する．物理学で培われた考え方や技術を用いることで，数学的厳密性を多少欠くものの，発展的な問題に対しても通用するシステマティックな解析法を提供することができる．このことがランダム行列の研究における情報統計力学の強みである．情報統計力学で多用される料理法にはいくつかの系統があるのだが，本章でお見せするのはそのなかで手続きの"公式化"が最も進んでいるレプリカ法である．

　具体的に取り上げる問題は，主成分分析の性能解析とランダム行列に関する

漸近固有値分布の評価である．以下，主成分分析の解析を具体例としたレプリカ法の解説，続いて，（それを踏まえた上での）レプリカ法にもとづく漸近固有値分布の評価法についての紹介，という順で述べる．

3.1 レプリカ法による最大固有値問題の解析：主成分分析を例として

はじめに取り上げる例は，多変量統計学の標準的解析法，主成分分析である．この手法は高次元データから得られる標本分散共分散行列の最大固有値と対応する固有ベクトルを求める問題に帰着される．固有値問題をベクトルの長さを一定に保ったもとでの制約つき2次最適化問題として表現する．最適化すべき2次形式をランダム行列によって定まるハミルトニアン（エネルギー関数）と見立てることで，統計力学の形式に沿った解析が可能になる．線形代数の方法を用いれば，与えられた個々の行列に対して最大固有値問題を解くことはそれほど難しくない．ここでの目的は，その結果得られる最大固有値や固有ベクトルがどのような性質をもつのかを理論的に吟味することにある．

3.1.1 主成分分析とは

各々が N 次元実数値ベクトルとして表される M 個のデータ $\bm{x}^1, \bm{x}^2, \ldots, \bm{x}^M$ が観測されている状況を考える．x_i^μ ($i = 1, 2, \ldots, N$) は μ 番目のデータの i 番目の成分，つまり $\bm{x}^\mu = (x_i^\mu)$ であるとし，データを横に並べてできる $N \times M$ 行列 $\bm{X} = (\bm{x}^1\ \bm{x}^2\ \ldots\ \bm{x}^M)$ をデータ行列と呼ぶことにする．なお，本章ではベクトルを小文字の太文字で，行列を大文字の太文字でそれぞれ表す．

$\bm{X}$ にもとづいて高次元データの背後にある規則性を見出したい．第4章のはじめに触れられているように，こうした要求に応えるための方法は多変量統計学として広く研究されている．**主成分分析** (principal component analysis: PCA) とはそのなかでも最も基本的な解析法の一つである[*1]．

[*1] 類似した手法に因子分析 (factor analysis: FA) がある．因子分析では，対象とする高次元データは独自因子と少数の共通因子との線形和として生成されていると仮定し，こうした仮定のもとでデータの標本分散共分散行列と最も当てはまりの良いモデルを求める．独自因子，共通因子の構造を単純化した場合の扱いは主成分分析に帰着されることもある．ただし，一般には，仮定した構造に付随する制約のため，主成分分析よりも複雑な取り扱いが必要になる．

3.1 ■ レプリカ法による最大固有値問題の解析：主成分分析を例として

以下，データベクトル $\boldsymbol{x}^\mu$ は平均 $\bar{\boldsymbol{x}} = M^{-1}\sum_{\mu=1}^M \boldsymbol{x}^\mu$ がゼロになるように前処理されていると考える．主成分分析の目的は，もとのデータに含まれる情報をなるべく保ちながら，より低い次元の空間に表現を圧縮することにある．最も基本的な場合として，1次元空間への圧縮を考えよう．こうした方法には様々なやり方がありうるが，主成分分析では，ある方向（= 1次元空間）を表す単位ベクトル $\boldsymbol{e}$ ($|\boldsymbol{e}|^2 = 1$) への線形射影

$$f^\mu = \boldsymbol{e}^\mathrm{T} \boldsymbol{x}^\mu \tag{3.1}$$

の範囲で最良のものを求める．ただし，T は転置記号を表すものとする．

データに含まれる情報としてまず考えられるのは平均である．しかしながら，データベクトルの平均はゼロになるように前処理されている，という仮定から f^μ の平均も自動的にゼロになる．そこで，その次に素朴な量として分散

$$\begin{aligned} V &= \frac{1}{M}\sum_{\mu=1}^M (f^\mu)^2 = \frac{1}{M}\sum_{\mu=1}^M \left(\boldsymbol{e}^\mathrm{T} \boldsymbol{x}^\mu\right)^2 \\ &= \boldsymbol{e}^\mathrm{T} \boldsymbol{C} \boldsymbol{e} \end{aligned} \tag{3.2}$$

に着目する．$\bar{\boldsymbol{x}} = \boldsymbol{0}$ であることから

$$\boldsymbol{C} \equiv \frac{1}{M}\sum_{\mu=1}^M \boldsymbol{x}^\mu (\boldsymbol{x}^\mu)^\mathrm{T} = \frac{1}{M}\boldsymbol{X}\boldsymbol{X}^\mathrm{T} \tag{3.3}$$

は**データ行列** $\boldsymbol{X}$ に関する**標本分散共分散行列**を意味している．

データに含まれる情報ができるだけ保たれるためには，各データを容易に区別できるように，f^μ の値はなるべく広く散らばっているいることが望ましい．そのためには，分散 V が最大になるように $\boldsymbol{e}$ を定めればよい．$\boldsymbol{e}$ は長さ1のベクトルに制限されているため，この問題は制約つき2次最適化問題

$$\underset{\boldsymbol{e}}{\mathrm{maximize}} \ \boldsymbol{e}^\mathrm{T} \boldsymbol{C} \boldsymbol{e} \ \text{subject to} \ |\boldsymbol{e}|^2 = 1 \tag{3.4}$$

として定式化される．

これを解くため**ラグランジュ未定乗数** Λ を導入し式 (3.4) を

$$\boldsymbol{e}^\mathrm{T} \boldsymbol{C} \boldsymbol{e} - \Lambda(|\boldsymbol{e}|^2 - 1) \tag{3.5}$$

に関する e と Λ についての制約のない停留値問題に変形しよう．e に関する最大化条件から

$$Ce = \Lambda e \tag{3.6}$$

および $\Lambda I_N - C$（I_N は $N \times N$ の単位行列）が，**半正定値**（すべての固有値が非負）であることが求められる．このことから Λ, e はそれぞれ C の最大固有値とその固有ベクトルとして求まることが結論づけられる．

こうして求まる e は第 1 **主成分ベクトル**，各データ x^μ に対して式 (3.1) から得られる f^μ は第 1 **主成分スコア**と呼ばれる．第 1 主成分を除いたデータ $x^\mu - f^\mu e$ に同様の方法を用いることで，第 2 主成分が得られ，また，このことを繰り返すことで第 3 主成分，第 4 主成分，…，が求まる．C が対称行列であることを用いると，このようにして求まる主成分に対して

- k 番目に大きな固有値に対応する固有ベクトルが第 k 主成分ベクトルとなる．
- 各主成分ベクトルは互いに直交する．
- 各主成分スコアは互いに無相関になる．

ことが示される．

3.1.2 主成分分析は信用できるか？：簡単なモデルにもとづく考察

手続きとしての側面に限ると，主成分分析とは，データ行列 X に対して標本分散共分散行列 C を構成しその固有値問題を解くことに他ならない．ところで，こうした方法を用いると X の背後に規則性があるかないかとは無関係に，必ず何かしらの答えが返ってくる．このような場合，得られた答えが本当にデータの規則性を反映しているのか，ということは大いに気になるところである．

そこで，次の簡単なモデルに対し，主成分分析が意味のある結果を導くための条件を考察することにしよう．まず，問題をなるべく単純化するためデータベクトル $x^1, x^2, \ldots, x^M$ は規則性を表すあるベクトルにもとづいて

$$x^\mu = z^\mu \frac{b}{\sqrt{N}} + n^\mu \quad (\mu = 1, 2, \ldots, M) \tag{3.7}$$

のように与えられているとする．ただし，z^μ は標準正規分布 $N(0,1)$ に従う独立な乱数，n^μ は平均 0，分散共分散行列 $\sigma^2 I_N$（I_N は $N \times N$ 単位行列）の多変量正規分布に従う独立なランダムベクトルとする．b は規則性を表現する因子ベクトルであり，$|b|^2/N \equiv P$ とする．$\sqrt{N}$ で規格化しているのは，後に**大自由度極限** $N \to \infty$ をとる際の便宜を考えてのことである．

式 (3.7) で与えられるデータ行列 X に対し，第 1 主成分ベクトルを求めることにより b の情報をどの程度抽出できるか，という問題を調べることで主成分分析の有効性を定量的に吟味することができる．直感的には"信号対雑音比"P/σ^2 が大きなほど，より正確に b を推定できると予想される．とはいえ，データ数 M が少なければ b の情報は統計的なゆらぎに埋もれてしまうかもしれない．また，次元 N が大きくなると推定すべき変数の数が増えるため，推定精度が悪化することも予期される．問題を特徴づけるこうしたいくつかの制御変数と b の推定精度との関係を定量的に明らかにすることがここでの目標となる．

3.1.3 レプリカ法による解析

情報統計力学は，大自由度極限 $N \to \infty$ において，こうした疑問に答えるための有力な手段を提供する．以下では，情報統計力学の主要な解析法であるレプリカ法にもとづいた上記モデルの解析について，解析の方針，計算の実際，結果の解釈の順で述べる．

■ **解析の方針 (1)：最小化問題と分配関数，自由エネルギー**

制約つき最大化問題 (3.4) の解に関する性質を調べるために，長さ $\sqrt{N}$ に規格化されたベクトル u に対し"**エネルギー関数**"$H(u|C) \equiv -u^T C u/2$ を導入し"**分配関数**"

$$Z(\beta|C) = \int du \exp\left(-\beta H(u|C)\right) \delta(|u|^2 - N) \tag{3.8}$$

および"**自由エネルギー**（密度）"

$$f(\beta|C) = -\frac{1}{N\beta} \log Z(\beta|C) \tag{3.9}$$

を定義する．ただし，$\delta(x)$ はディラックのデルタ関数を表す．長さを $\sqrt{N}$ で規

格化したのは，以下の計算で $N \to \infty$ とする際に各積分変数の大きさが $O(1)$ に保たれるようにするためである．以下，とくに断らない限り，積分領域は積分変数が値をとりえるすべての領域であるとする．$\beta > 0$ は物理学における絶対温度の逆数に対応するパラメータでしばしば"逆温度"と呼ばれる．次の命題がこれらの関数を導入した理由を与える．

> **最大固有値と自由エネルギー**：C の最大固有値 λ_1 は $\beta \to \infty$ における自由エネルギーの値を用いて
> $$\lambda_1 = -2 \lim_{\beta \to \infty} f(\beta|C) \tag{3.10}$$
> と評価される．

このことは次のように示される．C の最大固有値に対する長さ $\sqrt{N}$ の固有ベクトル u^* が積分 (3.8) に関し最も大きな寄与を与える．そこで，この寄与を明示的に取り出し

$$Z(\beta|C) = \exp(-\beta H(u^*|C)) \times \tilde{Z}(\beta|C) \tag{3.11}$$

と変形する．ただし，

$$\tilde{Z}(\beta|C) = \int du \exp(-\beta(H(u|C) - H(u^*|C))) \delta(|u|^2 - N) \tag{3.12}$$

である．$\tilde{Z}(\beta|C)$ の β に関する依存性を見積もろう．$H(u|C)$ は 2 次形式であることから，$\exp(-\beta(H(u|C) - H(u^*|C)))$ が定める u の特徴的長さは 1 自由度当たり $O(\beta^{-1/2})$ である．ただし，ノルムに関する拘束条件 $\delta(|u|^2 - N)$ により積分の自由度は一つ減る．これらのことを用いて積分に寄与する"体積"を評価すると

$$\tilde{Z}(\beta|C) \propto \beta^{-(N-1)/2} \tag{3.13}$$

が導かれる．後は，式 (3.11) および (3.13) を用いて式 (3.10) の右辺を評価し，$(u^*)^T C u^* = N\lambda_1$，$\lim_{\beta \to \infty} \beta^{-1} \log \beta = 0$ を用いればよい．

■ **解析の方針 (2)：自己平均性と配位平均**

以上から，自由エネルギー $f(\beta|C)$ が最大固有値 λ_1 と結びつくことがわかっ

た．ただし，ここで標本分散共分散行列 C は X によって定まるランダム行列であることに注意しなければならない．具体的な C に対して式 (3.9) を評価できたとしても，それは一つのサンプルに対する結果でしかない．ランダムに生成されるデータベクトルの集まりである X は統計的なゆらぎを含む．これらのゆらぎを直接的に考慮するためには膨大な数の X のサンプルに対して式 (3.9) の評価を繰り返す必要がある．これはとても面倒な作業である．

ここに物理学の経験が活きる．$f(\beta|C)$ はランダムに生成されるデータ X に依存するランダム変数である．ただし，こうした量に対しては一種の大数の法則がはたらくため，典型的な X に対する $f(\beta|C)$ の値は，大自由度極限 $N \to \infty$ においては X の詳細によらず平均値

$$f(\beta) = [f(\beta|C)]_X \tag{3.14}$$

に収束する，と期待される．ただし，以下，$[\cdots]_A$ は一般に確率変数 A に関する平均を表すものとする．このことは，$N \to \infty$ における典型的な振る舞いの評価に興味を限れば統計的なゆらぎは無視してよいことを意味する．式 (3.14) のようにシステムを特徴づけるパラメータのサンプルに関する平均を，とくに**配位平均** (configurational average) と呼ぶ．大自由度極限 $N \to \infty$ において自由エネルギーなどの巨視的な量が典型的なサンプルに対してその詳細によらず配位平均の値に収束する性質は，しばしば**自己平均性** (self-averaging property) と呼ばれる．

■解析の方針 (3)：分配関数のモーメントとレプリカ系の導入

自己平均性にもとづき，式 (3.14) を利用して $N \to \infty$ における C の最大固有値 λ_1 の典型的な値を評価しよう．このためには分配関数 $Z(\beta|C)$ の対数 $\log Z(\beta|C)$ に関する配位平均を評価することが必要になる．残念ながら，一般のシステムに対してこの評価は技術的に難しい．

この困難に対処するため，しばしば**レプリカトリック**と呼ばれる恒等式

$$\frac{1}{N}[\log Z(\beta|C)]_X = \frac{1}{N}\lim_{n \to 0}\frac{\partial}{\partial n}\log[Z^n(\beta|C)]_X \tag{3.15}$$

に着目する．$[Z^n(\beta|C)]_X$ は分配関数 $Z(\beta|C)$ の n 乗に関する配位平均であり，$n = 1, 2, \ldots \in \mathbb{N}$ に対しては $Z(\beta|C)$ に関する原点まわりの n 次**モーメント**を

表している．ただし，右辺の極限を実行するためには実数 $n \in \mathbb{R}$ に対しても定義しておく必要がある．以下では，この場合についても"モーメント"と呼ぶことにしよう．

一般に，$n \in \mathbb{R}$ に対するモーメントの評価も，対数に関する平均と同様，技術的に難しい．ところが，$n \in \mathbb{N}$ に限ると，適当なクラスの問題については，冪展開の公式

$$Z^n(\beta|\boldsymbol{C}) = \left(\int d\boldsymbol{u} \exp\left(-\beta H(\boldsymbol{u}|\boldsymbol{C})\right) \delta(|\boldsymbol{u}_a|^2 - N)\right)^n$$
$$= \int \left(\prod_{a=1}^n d\boldsymbol{u}_a\right) \exp\left(-\beta \sum_{a=1}^n H(\boldsymbol{u}_a|\boldsymbol{C})\right) \left(\prod_{a=1}^n \delta(|\boldsymbol{u}_a|^2 - N)\right) \quad (3.16)$$

を利用することにより，大自由度極限 $N \to \infty$ において $N^{-1} \log[Z^n(\beta|\boldsymbol{C})]_{\boldsymbol{X}}$ を n の解析関数として評価することが可能になる．$n \in \mathbb{N}$ に対してのみ成立する公式 (3.16) にもとづいて導出されるため，一般に，その結果得られる表現が $n \notin \mathbb{N}$ に対しても成立する数学的な保証はない．とはいえ，表現を $n \in \mathbb{R}$ に解析接続してやればレプリカトリック (3.15) に代入することで配位平均に関する何らかの評価値を得ることができる．このような方針にもとづいて，実数冪に対する分配関数のモーメントや分配関数の対数に関する配位平均を評価する枠組みを一般に**レプリカ法** (replica method) と呼ぶ．

冪展開の結果現れる積分変数 $\boldsymbol{u}_1, \boldsymbol{u}_2, \ldots, \boldsymbol{u}_n$ は同一のランダムネス $\boldsymbol{C}$ を共有する n 個の**複製（レプリカ）**系を表現していると解釈できる．このことがレプリカ法と呼ばれるゆえんとなっている．

■計算の実際 (1)：大自由度極限における $n \in \mathbb{N}$ でのモーメント評価

主成分分析の問題にレプリカ法を適用しよう．レプリカ添え字 $a = 1, 2, \ldots, n$ の自由度が増えるため，レプリカ法の計算は一般に煩雑になる．変数の独立性や対称性に着目しながら，評価すべき分配関数のモーメント

$$[Z^n(\beta|\boldsymbol{C})]_{\boldsymbol{X}}$$
$$= \int \left(\prod_{a=1}^n d\boldsymbol{u}_a \delta(|\boldsymbol{u}_a|^2 - N)\right) \left[\exp\left(-\beta \sum_{a=1}^n H(\boldsymbol{u}_a|\boldsymbol{C})\right)\right]_{\boldsymbol{X}} \quad (3.17)$$

をいくつかのパーツに分解し，パーツごとに評価を行うことが計算を手際よく進めるためのコツである．

以下では，自己平均性が期待される1自由度当たりのデータ数 $\alpha = M/N$ を $O(1)$ に保つ大自由度極限 $N, M \to \infty$ を考えることとする．まず，式 (3.3) および (3.7) を用いて

$$-\sum_{a=1}^{n} H(\boldsymbol{u}_a|\boldsymbol{C}) = \frac{1}{2M} \sum_{a=1}^{n} \sum_{\mu=1}^{M} \left((\boldsymbol{x}^{\mu})^{\mathrm{T}} \boldsymbol{u}_a\right)^2$$
$$= \frac{1}{2\alpha} \sum_{\mu=1}^{M} \sum_{a=1}^{n} \left(\sqrt{P} m_a z^{\mu} + y_a^{\mu}\right)^2 \quad (3.18)$$

と表現する．ただし，

$$m_a = \frac{1}{N\sqrt{P}} \boldsymbol{b}^{\mathrm{T}} \boldsymbol{u}_a \quad (3.19)$$

は因子ベクトル $\boldsymbol{b}$ とレプリカ $\boldsymbol{u}_a$ との間の方向余弦を意味する巨視的な変数であり，

$$y_a^{\mu} = \frac{1}{\sqrt{N}} (\boldsymbol{n}^{\mu})^{\mathrm{T}} \boldsymbol{u}_a \quad (3.20)$$

とした．

ここで，$z^{\mu}, \boldsymbol{n}^{\mu}$ は $\mu = 1, 2, \ldots, M$ 間で独立に生成される，と仮定したことを思い出そう．よって，これらについては独立に平均を評価することができる．結果として，固定された n 個のレプリカ $\boldsymbol{u}_1, \boldsymbol{u}_2, \ldots, \boldsymbol{u}_n$ に対し

$$\left[\exp\left(-\beta \sum_{a=1}^{n} H(\boldsymbol{u}_a|\boldsymbol{C})\right)\right]_{\boldsymbol{X}}$$
$$= \left[\exp\left(\frac{\beta}{2\alpha} \sum_{a=1}^{n} \left(\sqrt{P} m_a z + y_a\right)^2\right)\right]_{z, \boldsymbol{n}}^{M} \quad (3.21)$$

が成り立つ．ただし，表記を簡略化するため $z = z^1, \boldsymbol{n} = \boldsymbol{n}^1$ とした．

式 (3.21) において，$\boldsymbol{n}$ は確率密度からの寄与を除き $y_1, y_2, \ldots, y_n$ を通してしか顔を出さない．このことに着目し，$\boldsymbol{n}$ に関する平均を評価するにあたり次

の性質を利用する：

- $\bm{n} \sim N(\bm{0}, \sigma^2 \bm{I}_N)$ のとき，$y_1, y_2, \ldots, y_a$ は原点を中心とした n 次元の多変量正規分布に従う．
- 多変量正規分布の分散および共分散は以下で与えられる．

$$[y_a y_b]_{\bm{n}} = \sigma^2 q_{ab} \tag{3.22}$$

ただし，

$$q_{ab} = \frac{1}{N} \bm{u}_a^{\mathrm{T}} \bm{u}_b \tag{3.23}$$

$a, b = 1, 2, \ldots, n$ とした．ノルムに関する制約条件 $|\bm{u}_a|^2 = N$ から，q_{ab} はレプリカ $\bm{u}_a$ と $\bm{u}_b$ がなす方向余弦を意味すること，そのため，$q_{aa} = 1$ となることがわかる．

以下，とくに断らない限り，レプリカ添え字 a, b は $1, 2, \ldots, n$ の値をとるものとする．これらのことは，固定された $\bm{u}_1, \bm{u}_2, \ldots, \bm{u}_n$ に対して，式 (3.21) の評価結果はレプリカ間の方向余弦を成分とする $n \times n$ 対称行列 $\bm{Q} = (q_{ab})$ およびレプリカ $\bm{u}_1$ と因子ベクトル $\bm{b}$ との方向余弦を成分とする n 次元ベクトル $\bm{m} = (m_a)$ にしか依存しないことを意味する．具体的に表現すると，式 (3.21) は $\bm{y} = (y_a)$ に関する多変量正規分布

$$\mathcal{P}(\bm{y}; \bm{Q}) = \frac{1}{\sqrt{(2\pi)^n \det(\sigma^2 \bm{Q})}} \exp\left(-\frac{1}{2} \bm{y}^{\mathrm{T}} (\sigma^2 \bm{Q})^{-1} \bm{y}\right) \tag{3.24}$$

を用いて

$$\begin{aligned}
&\frac{1}{N} \log \left[\exp\left(-\beta \sum_{a=1}^{n} H(\bm{u}_a | \bm{C})\right) \right]_{\bm{X}} \\
&= \alpha \log \left(\int Dz d\bm{y} \mathcal{P}(\bm{y}; \bm{Q}) \exp\left(\frac{\beta}{2\alpha} \sum_{a=1}^{n} \left(\sqrt{P} m_a z + y_a\right)^2 \right) \right) \\
&\equiv \mathcal{T}_n(\bm{Q}, \bm{m})
\end{aligned} \tag{3.25}$$

と評価される．ただし，$Dz = dz \exp(-z^2/2)/\sqrt{2\pi}$ は標準正規分布を意味す

3.1 ■ レプリカ法による最大固有値問題の解析：主成分分析を例として

るガウス測度である．

式 (3.25) をモーメントの評価と結びつけるために，恒等式

$$1 = N^{n(n-1)/2} \int \left(\prod_{a<b} dq_{ab} \delta(\boldsymbol{u}_a^{\mathrm{T}} \boldsymbol{u}_b - Nq_{ab}) \right)$$
$$\times N^n \int \left(\prod_{a=1}^n dm_a \delta \left(\frac{\boldsymbol{b}^{\mathrm{T}} \boldsymbol{u}_a}{\sqrt{P}} - Nm_a \right) \right) \quad (3.26)$$

を式 (3.17) に代入し，$\boldsymbol{Q} = (q_{ab})$, $\boldsymbol{m} = (m_a)$ を固定したもとで $\boldsymbol{u}_1, \boldsymbol{u}_2, \ldots, \boldsymbol{u}_n$ に関する積分を評価する．その際，デルタ関数のフーリエ表示

$$\begin{aligned}
\delta(\boldsymbol{u}_a^{\mathrm{T}} \boldsymbol{u}_b - Nq_{ab}) &= \int_{-i\infty}^{+i\infty} \frac{d\widehat{q}_{ab}}{2\pi} \exp\left(-\widehat{q}_{ab}(\boldsymbol{u}_a^{\mathrm{T}} \boldsymbol{u}_b - Nq_{ab})\right) \\
&= \int_{-i\infty}^{+i\infty} \frac{d\widehat{q}_{ab}}{2\pi} \exp\left(-\widehat{q}_{ab}\left(\sum_{i=1}^N u_{ia}u_{ib} - Nq_{ab}\right)\right) \quad (3.27)
\end{aligned}$$

$$\begin{aligned}
\delta(|\boldsymbol{u}_a|^2 - N) &= \int_{-i\infty}^{+i\infty} \frac{d\widehat{q}_{aa}}{4\pi} \exp\left(-\frac{\widehat{q}_{aa}}{2}(|\boldsymbol{u}_a|^2 - N)\right) \\
&= \int_{-i\infty}^{+i\infty} \frac{d\widehat{q}_{aa}}{4\pi} \exp\left(-\frac{\widehat{q}_{aa}}{2}\left(\sum_{i=1}^N u_{ia}^2 - N\right)\right) \quad (3.28)
\end{aligned}$$

$$\begin{aligned}
\delta\left(\frac{\boldsymbol{b}^{\mathrm{T}} \boldsymbol{u}_a}{\sqrt{P}} - Nm_a\right) &= \int_{-i\infty}^{+i\infty} \frac{d\widehat{m}_a}{2\pi} \exp\left(\widehat{m}_a\left(\frac{\boldsymbol{b}^{\mathrm{T}} \boldsymbol{u}_a}{\sqrt{P}} - Nm_a\right)\right) \\
&= \int_{-i\infty}^{+i\infty} \frac{d\widehat{m}_a}{2\pi} \exp\left(\widehat{m}_a\left(\sum_{i=1}^N \frac{b_i u_{ia}}{\sqrt{P}} - Nm_a\right)\right) (3.29)
\end{aligned}$$

(ただし，$a < b$, $i = \sqrt{-1}$) を用いて，レプリカ変数の成分 u_{ia} に関する $N \times n$ 重積分を実行する．$N \gg 1$ であることから**鞍点法**を用いると表現

$$\frac{1}{N} \log \left(\int \left(\prod_{a=1}^n d\boldsymbol{u}_a \delta\left(|\boldsymbol{u}_a|^2 - N\right) \delta\left(\frac{\boldsymbol{b}^{\mathrm{T}} \boldsymbol{u}_b}{\sqrt{P}} - Nm_a\right) \right) \right.$$

$$\times \left(\prod_{a<b} \delta(\boldsymbol{u}_a^\mathrm{T} \boldsymbol{u}_b - N q_{ab}) \right) \Bigg)$$

$$= \underset{\widehat{\boldsymbol{Q}}, \widehat{\boldsymbol{m}}}{\mathrm{extr}} \left\{ -\widehat{\boldsymbol{m}}^\mathrm{T} \boldsymbol{m} + \frac{1}{2} \mathrm{tr}(\widehat{\boldsymbol{Q}} \boldsymbol{Q}) \right.$$
$$\left. - \frac{1}{2} \log \det \widehat{\boldsymbol{Q}} + \frac{1}{2} \widehat{\boldsymbol{m}}^\mathrm{T} \widehat{\boldsymbol{Q}}^{-1} \widehat{\boldsymbol{m}} + \frac{n}{2} \log(2\pi) \right\}$$
$$\equiv \mathcal{S}_n(\boldsymbol{Q}, \boldsymbol{m}) \tag{3.30}$$

が得られる．ただし，任意の行列 $\boldsymbol{M} = (M_{ij})$ に対し $\mathrm{tr}(\boldsymbol{M}) = \sum_i M_{ii}$ であり，$\mathrm{extr}_A\{F(A)\}$ は関数 $F(A)$ を A に関し**鞍点評価**したときの停留点（鞍点）での $F(A)$ の値を意味する．また，$\widehat{\boldsymbol{Q}} = (\widehat{q}_{ab}), \widehat{\boldsymbol{m}} = (\widehat{m}_a)$ とおいた．$|\boldsymbol{b}|^2/(PN) = 1$ であることも用いた．式 (3.25) と式 (3.30) を組み合わせ q_{ab} および m_a に関する積分に鞍点法を用いると，$n \in \mathbb{N}$ に対する大自由度極限 $N, M \to \infty$，$\alpha = M/N \sim O(1)$ での評価式

$$\frac{1}{N} \log \left[Z^n(\beta|\boldsymbol{C}) \right]_{\boldsymbol{X}} = \underset{\boldsymbol{Q}, \boldsymbol{m}}{\mathrm{extr}} \left\{ \mathcal{T}_n(\boldsymbol{Q}, \boldsymbol{m}) + \mathcal{S}_n(\boldsymbol{Q}, \boldsymbol{m}) \right\} \tag{3.31}$$

が得られる．

■ **計算の実際 (2)：レプリカ対称性と $n \in \mathbb{N}$ から $n \in \mathbb{R}$ への解析接続**

分配関数のモーメントに関する評価式 (3.31) が得られた．しかしながら，$n \times n$ 行列 $\boldsymbol{Q}$ および n 次元ベクトル $\boldsymbol{m}$ に関する鞍点問題として定義されているため，$n \notin \mathbb{N}$ ではこの評価式を利用することはできない．次の性質への着目がこの問題を解決するための鍵となる．

> **レプリカ対称性**：モーメントに関する定義式 (3.17) はレプリカ添え字 $a = 1, 2, \ldots, n$ の任意の入れ替えに関して不変である．このようにレプリカ添え字の任意の入れ替えに関して対象が不変に保たれる性質を一般に**レプリカ対称性** (replica symmetry) と呼ぶ．

冪展開によって現れるレプリカ変数がすべて同等であることを意味するレプリカ対称性は，ここに取り上げた主成分分析の問題に限らず，任意の対象におけるモーメントの定義式に対して成立する．さらに，この性質は定義式 (3.17) だけでなく式 (3.31) において鞍点評価の対象となる関数 $\mathcal{T}_n(\boldsymbol{Q}, \boldsymbol{m}) + \mathcal{S}_n(\boldsymbol{Q}, \boldsymbol{m})$

3.1 ■ レプリカ法による最大固有値問題の解析：主成分分析を例として

に対しても成立していることに注意しよう．

評価すべき関数がレプリカ対称性を満たしている場合には，鞍点も同様の性質で特徴づけられる，と仮定するのは自然であろう．そこで，鞍点を**レプリカ対称解** (replica symmetric (RS) solution) と呼ばれる，レプリカ対称性を満たす形

$$q_{ab} = q \ (a < b), \quad m_a = m \tag{3.32}$$

(ノルムに関する制約から $q_{aa} = 1$ はすでに課せられていることに注意) に限定し，二つの変数 q, m に関する鞍点を求めることで式 (3.31) を評価する．式 (3.32) を代入すると

$$\mathcal{T}_n(\boldsymbol{Q}, \boldsymbol{m}) = -\frac{\alpha n}{2} \log\left(1 - \frac{\sigma^2}{\alpha}\beta(1-q)\right) \\ - \frac{\alpha}{2} \log\left(1 - \frac{n\beta(Pm^2 + \sigma^2)}{\alpha(1 - \sigma^2\beta(1-q)/\alpha)}\right) \tag{3.33}$$

および

$$\mathcal{S}_n(\boldsymbol{Q}, \boldsymbol{m}) = \underset{\widehat{Q}, \widehat{q}, \widehat{m}}{\mathrm{extr}} \left\{ \frac{n}{2}\widehat{Q} - \frac{n(n-1)}{2}\widehat{q}q - n\widehat{m}m + \frac{n}{2}\log(2\pi) \\ - \frac{n}{2}\log(\widehat{Q} + \widehat{q}) - \frac{1}{2}\log\left(1 - \frac{n\widehat{q}}{\widehat{Q} + \widehat{q}}\right) + \frac{n\widehat{m}^2}{2(\widehat{Q} + \widehat{q} - n\widehat{q})} \right\} \tag{3.34}$$

が得られる．ただし，レプリカ対称性にもとづき $\widehat{q}_{aa} = \widehat{Q}$, $\widehat{q}_{ab} = -\widehat{q} \ (a < b)$, $\widehat{m}_a = \widehat{m}$ とおいた．

あらかじめ意図していたわけではなかったが，レプリカ対称性を課した表現 (3.33) および (3.34) は自然数 $n \in \mathbb{N}$ に限らず任意の実数 $n \in \mathbb{R}$ に対して定義可能な関数になっている．この表現によって評価式 (3.31) は $n \in \mathbb{N}$ から $n \in \mathbb{R}$ に解析接続されたと解釈し，レプリカトリック (3.15) に利用する．その際，有限の $n \in \mathbb{R}$ に対して鞍点問題を解き得られる鞍点の値を n の解析関数として表現した結果を式 (3.15) に代入しなければならない，と思われるかもしれない．しかしながら，式 (3.15) において q や m を通した n に関する微分の寄与は，鞍点条件から必ずキャンセルされる．そのため，実際には式 (3.33) および式 (3.34) を形式的に式 (3.15) に代入し，得られる関数の鞍点問題を解くだけでよい．

■ 結果の解釈：主成分分析で生じる相転移

レプリカトリック (3.15) にもとづいて最大固有値 $\lambda_1 = -2\lim_{\beta \to \infty} f(\beta) = 2\lim_{\beta \to \infty}(\beta N)^{-1}[\log Z(\beta|\boldsymbol{C})]_{\boldsymbol{X}}$ を求めてみよう．極限 $\beta \to \infty$ において，各変数は $\beta(1-q) = \chi$, $\beta^{-1}(\widehat{Q}+\widehat{q}) = E$, $\beta^{-2}\widehat{q} = F$, $\beta^{-1}\widehat{m} = K$ が $O(1)$ となるようにスケールされる．その結果，以下の表現が得られる．

$$\lambda_1 = 2 \lim_{\beta \to \infty} \lim_{n \to 0} \frac{\partial}{\partial n}\left(\lim_{N \to \infty} \frac{1}{\beta N}\log\left[Z^n(\beta|\boldsymbol{C})\right]_X\right)$$
$$= \mathop{\mathrm{extr}}_{\Theta}\left\{\frac{Pm^2 + \sigma^2}{1 - \sigma^2\chi/\alpha} + E - F\chi - 2Km + \frac{K^2 + F}{E}\right\} \quad (3.35)$$

ただし，$\Theta = \{q, m, E, F, K\}$ とした．

式 (3.35) の鞍点条件を整理し，共役変数 E, F, K を消去すると m, χ に関する連立方程式

$$\frac{m}{\chi} = \frac{Pm}{1 - \sigma^2\chi/\alpha} \quad (3.36)$$

$$\frac{1 - m^2}{\chi^2} = \frac{\sigma^2}{\alpha}\frac{Pm^2 + \sigma^2}{(1 - \sigma^2\chi/\alpha)^2} \quad (3.37)$$

が得られる．これらの連立方程式は次の二つの解をもつ．

（A）$m \neq 0$ を仮定し，式 (3.36) を m で割った式と式 (3.37) を連立させて得られる解．

$$m = \pm\sqrt{\frac{\alpha(P/\sigma^2)^2 - 1}{\alpha(P/\sigma^2)^2 + P/\sigma^2}} \quad (3.38)$$

$$\chi = \frac{\alpha}{\alpha P + \sigma^2} \quad (3.39)$$

$$\lambda_1 = \sigma^2\left(1 + \frac{1}{\alpha} + \frac{P}{\sigma^2} + \frac{\sigma^2}{\alpha P}\right) \quad (3.40)$$

ただし，$\alpha(P/\sigma^2)^2 \geq 1$ が満たされる場合のみ存在する．

（B）$m = 0$ であれば式 (3.36) は満たされる．χ は式 (3.37) から求まる．

$$m = 0 \quad (3.41)$$

$$\chi = \frac{\alpha}{\sigma^2(1+\sqrt{\alpha})} \tag{3.42}$$

$$\lambda_1 = \sigma^2 \left(1 + \frac{1}{\sqrt{\alpha}}\right)^2 \tag{3.43}$$

相加平均・相乗平均の関係から $P/\sigma^2 + \sigma^2/(\alpha P) \geq 2/\sqrt{\alpha}$ が成り立つ．この関係を式 (3.40) に代入すると，解 (A) が与える固有値は解 (B) の固有値 (3.43) を下回ることはないことがわかる．ただし，解 (A) は $\alpha(P/\sigma^2)^2 \geq 1$ が成り立つ場合のみ存在し，(A)，(B) の固有値間の等号関係は臨界条件

$$\alpha \left(\frac{P}{\sigma^2}\right)^2 = 1 \tag{3.44}$$

で成立する．これらのことを整理すると，$\alpha(P/\sigma^2)^2 > 1$ に対しては解 (A) が，$\alpha(P/\sigma^2)^2 < 1$ に対しては解 (B) が，それぞれ選択されることが結論づけられる．このことは，大自由度極限 $M, N \to \infty$ に対し主成分分析の問題では 1 自由度当たりのデータ数 $\alpha = M/N$ および信号対雑音比 P/σ^2 の値に応じて，得られる結果が臨界条件の前後で異なる関数形に収束する**相転移現象**が生じることを意味している．

m は典型的なサンプルに対する第 1 主成分ベクトルと $\boldsymbol{b}$ との間の方向余弦を意味している．上記の結果は，$\alpha(P/\sigma^2)^2 < 1$ では主成分分析により第 1 主成分ベクトルは因子ベクトル $\boldsymbol{b}$ とは直交しており，背後にある規則性とは無関係の結果しか与えないことを示している．臨界条件 (3.44) は，信号対雑音比 P/σ^2 が固定されている場合，主成分分析によって意味のある結果を得るためには 1 自由度当たりその逆数の自乗程度のデータ数が最低必要であること，また，データ数が固定されている場合には信号対雑音比の自乗が 1 自由度当たりのデータ数の逆数よりも十分大きければある程度信頼のおける結果が得られることを表している．

3.1.4 数値実験による検証と有限サイズスケーリング仮説

レプリカ法を用いて，データ数および信号対雑音比と主成分分析によって得られる結果との関係を導いた．しかしながら，この関係は数学的に厳密に演繹されたわけではない．例えば，評価に際してレプリカ対称性という"仮定"や鞍

点法という"近似"が何ら検証されることなく導入されている．また，式 (3.35) においても本来のレプリカトリック (3.15) と比較すればわかるように"極限操作に関する順序の入れ替え"を行っている．

こうした乱暴な手続きにもとづいて得られた結果はそのままでは真偽を判定することができない"仮説"と位置づけられる．その妥当性を実験的に検証することを考えよう．図 3.1 に $\alpha = 4$, $\sigma^2 = 1$ とし N および P を変化させた際の数値実験の結果を示す．マーカーは 1000 回の実験に関する平均を，曲線は大自由度極限 $N \to \infty$ に対してレプリカ法によって得られた"仮説"を，それぞれ表している．N の増加または信号対雑音比 P/σ^2 の増加に伴い，実験結果は仮説に近づいている．その一方で，実験結果はなめらかに変化しており，仮説が示す（相転移の特徴である）臨界条件 $P_c = 1/(\sqrt{\alpha}\sigma^2) = 1/2$ での特異性は見られない．これについては**有限サイズスケーリング仮説** (finite size scaling hypothesis) にもとづいて次のように解釈する．

有限のシステムに関する実験では特異性は現れない．このことを受け入れ，大自由度極限 $N \to \infty$ で予想される特異性は本来なめらかであるべき関係が N に応じて定まる尺度（スケール）がつぶれることによって極限的に現れる振る舞いであると考えるのである．具体的には P_c 付近で $|m|$ は

$$|m| = N^{-\gamma} g\left(\frac{N^\beta (P - P_c)}{P_c}\right) \tag{3.45}$$

と表現できると仮定する．ここで導入した $g(x)$ は一般に**スケーリング関数** (scaling function) と呼ばれ，$x \to -\infty$ でゼロ，$x \to +\infty$ で $O(x^{1/2})$ となるなめらかな関数である．$g(x)$ のこうした漸近形は $P = P_c$ 近傍での式 (3.38)，(3.41) の振る舞いと一致するように決められる．このような"仮説"を認めると

$$|m| \propto \begin{cases} N^{-\gamma+\beta/2}|P - P_c|^{1/2}/P_c^{1/2} & (P - P_c \gg N^{-\beta}) \\ 0 & (P_c - P \gg N^{-\beta}) \end{cases} \tag{3.46}$$

となり，$-\gamma + \beta/2 = 0$ ならば $g(x)$ がなめらかな関数であったとしても大自由度極限 $N \to \infty$ でレプリカ法が予言する $P = P_c$ での特異性が再現される．$N^{-\gamma}$，$N^{-\beta}$ は臨界点 P_c まわりでの m および P のスケールをそれぞれ表している．

式 (3.45) のような関係が本当に成り立つかどうかを検証するためには，様々

3.1 ■ レプリカ法による最大固有値問題の解析：主成分分析を例として

(a) 最大固有値 λ_1

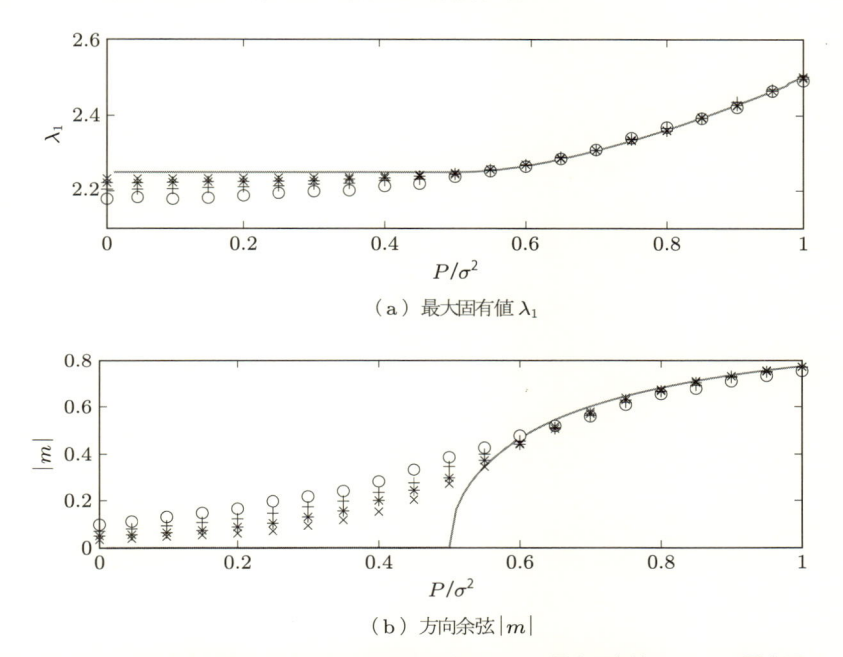

(b) 方向余弦 $|m|$

図 3.1 主成分分析問題に関する数値実験の結果． (a)：最大固有値 λ_1, (b)：最大固有値に対応する固有ベクトル e_1 と真の因子ベクトル b との方向余弦 $|m|$. $\alpha=4$, $\sigma^2=1$ と固定し，信号対雑音比を $0 \leq P/\sigma^2 \leq 1$ の間で変化させた．$N=64, 128, 256, 512$ に対する 1000 回の実験結果に関する平均をそれぞれマーカー○，＋，＊，×表している．曲線はレプリカ法により得られる大自由度極限 $N \to \infty$ に関する"仮説"である．

な N に対して行った実験結果について，$N^\gamma |m|$ を縦軸に，$N^\beta (P-P_c)/P_c$ を横軸にとって同じグラフの上にプロットすればよい．指数 γ は $P=P_c$ に対するデータに最も適合する値として実験的に求め，$\beta=2\gamma$ とおく．図 3.2 に，図 3.1(b) のデータにもとづき $\gamma=1/6$, $\beta=2\gamma=1/3$ として描き直したグラフを示す．$N^\beta(P-P_c)/P_c=0$ 付近では N の異なるデータが同一の曲線上にプロットされているように見える．このことは仮説 (3.45) が妥当であることを示している．また，データから浮かび上がる曲線がスケーリング関数 $g(x)$ を意味している．

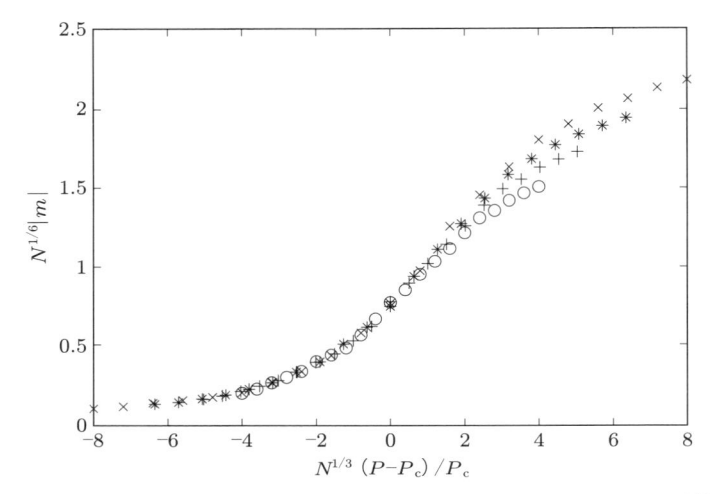

図 3.2 図 3.1(b) のデータに関する有限サイズスケーリングプロット．$N^{1/6}|m|$ を縦軸に，$N^{1/3}(P - P_\mathrm{c})/P_\mathrm{c}$ を横軸にとって同じグラフの上にプロットした．$N^{1/3}(P - P_\mathrm{c})/P_\mathrm{c} = 0$ 付近では，異なる N のデータが同一の曲線上に乗っているように見える．このことはスケーリング仮説 (3.45) の成立を支持している．

3.2 漸近固有値分布

ランダム行列に関する最大固有値問題がレプリカ法によって解析できることを述べた．この節では最大でない固有値に目を向ける．他章でも触れられているように，各要素が独立同分布で平均ゼロの正規分布に従う対称行列や同様の要素で定まる長方行列に関する標本分散共分散行列では，大自由度極限 $N \to \infty$ で，多数の固有値が縮退し，その振る舞いは**漸近固有値分布** (asymptotic eigenvalue distribution) と呼ばれる密度関数によって特徴づけられる．レプリカ法は漸近固有値分布についても簡便で見通しのよい評価法を提供する．

3.2.1 逆冪を用いたデルタ関数の表現

漸近固有値分布を求めるための準備としてディラックのデルタ関数に関する表現

$$\delta(x-a) = \lim_{\epsilon \to +0} \frac{1}{\pi} \mathrm{Im}\left(\frac{1}{x-a-i\epsilon}\right) \tag{3.47}$$

を導入する．ただし，$\mathrm{Im}(A)$ は A の虚数部分から虚数単位 $i=\sqrt{-1}$ を除いたものを意味する．

この公式は以下のように示される．デルタ関数 $\delta(x)$ を特徴づける条件はある適当な条件を満たす任意の関数 $f(x)$ と任意の値 a に対して

$$\int_{-\infty}^{+\infty} dx \delta(x-a) f(x) = f(a) \tag{3.48}$$

が成り立つことである．式 (3.47) の右辺がこの性質を満たすことを示す．まず

$$\begin{aligned}\mathrm{Im}\left(\frac{1}{x-a-i\epsilon}\right) &= \mathrm{Im}\left(\frac{x-a+i\epsilon}{(x-a)^2+\epsilon^2}\right) \\ &= \frac{1}{\epsilon}\frac{1}{(x-a)^2/\epsilon^2+1}\end{aligned} \tag{3.49}$$

と変形する．このことから適当な条件を満たす任意の関数 $f(x)$ と任意の値 a について

$$\begin{aligned}\int_{-\infty}^{+\infty} dx \frac{1}{\pi}\mathrm{Im}\left(\frac{1}{x-a-i\epsilon}\right)f(x) &= \frac{1}{\pi}\int_{-\infty}^{+\infty} dx \frac{f(x)\epsilon}{(x-a)^2+\epsilon^2} \\ &= \frac{1}{\pi}\int_{-\infty}^{+\infty} \frac{dx}{\epsilon}\frac{f(x)}{(x-a)^2/\epsilon^2+1} \\ &= \frac{1}{\pi}\int_{-\infty}^{+\infty} dy \frac{1}{y^2+1}f(a+\epsilon y) \\ &\to f(a) \quad (\epsilon \to +0)\end{aligned} \tag{3.50}$$

が成り立つ．ただし，2 行目から 3 行目に変形する際に $y=(x-a)/\epsilon$ に積分変数を変換し，3 行目から 4 行目の変形では $f(a+\epsilon y) \to f(a)$ ($\epsilon \to +0$)，$\int_{-\infty}^{+\infty} dy(y^2+1)^{-1} = \pi$ を使った．式 (3.50) はデルタ関数が式 (3.47) のように表現できることを意味している．

3.2.2 漸近固有値分布と分配関数

式 (3.47) を利用して漸近固有値分布と分配関数を結びつけよう．考察する対象を形式的に $N \times N$ 実対称行列 $\boldsymbol{S}$ に関する"あるアンサンブル"としよう．このアンサンブルに対し漸近固有値分布は

によって定義される．ただし，λ_i $(i=1,2,\ldots,N)$ は行列 $\boldsymbol{S}$ に関する N 個の固有値を表し，$[\cdots]_{\boldsymbol{S}}$ は行列アンサンブルに関する平均を意味する．

式 (3.51) に表現 (3.47) を代入する．このとき $(\lambda-\lambda_i-i\epsilon)^{-1} = (\partial/\partial\lambda)\log(\lambda-\lambda_i-i\epsilon)$ であることを用いると，表現

$$\begin{aligned}
\rho(\lambda) &= \lim_{N\to\infty}\lim_{\epsilon\to+0}\frac{1}{\pi N}\sum_{i=1}^{N}\left[\operatorname{Im}\left(\frac{1}{\lambda-\lambda_i-i\epsilon}\right)\right]_{\boldsymbol{S}} \\
&= \frac{1}{\pi}\frac{\partial}{\partial\lambda}\left|\operatorname{Im}\lim_{N\to\infty}\frac{1}{N}\sum_{i=1}^{N}[\log(\lambda-\lambda_i)]_{\boldsymbol{S}}\right| \\
&= \frac{1}{\pi}\frac{\partial}{\partial\lambda}\left|\operatorname{Im}\lim_{N\to\infty}\frac{1}{N}\left[\log\prod_{i=1}^{N}(\lambda-\lambda_i)\right]_{\boldsymbol{S}}\right| \\
&= \frac{1}{\pi}\frac{\partial}{\partial\lambda}\left|\operatorname{Im}\lim_{N\to\infty}\frac{1}{N}[\log\det(\lambda\boldsymbol{I}_N-\boldsymbol{S})]_{\boldsymbol{S}}\right| \\
&= \frac{2}{\pi}\frac{\partial}{\partial\lambda}\left|\operatorname{Im}\lim_{N\to\infty}\frac{1}{N}[\log Z(\lambda|\boldsymbol{S})]_{\boldsymbol{S}}\right| \quad (3.52)
\end{aligned}$$

が得られる．ここで，表記を簡略化するために，1 行目から 2 行目への変形で $\epsilon\to+0$ を行い，同時に，符号に関する不定性を除くために絶対値をつけた．3 行目から 4 行目にかけては，すべての固有値の積が行列式に等しいことを，また，4 行目から 5 行目にかけては N 次元実ベクトル $\boldsymbol{u}$ に関する**多変数ガウス積分の公式**

$$\begin{aligned}
Z(\lambda|\boldsymbol{S}) &\equiv \int d\boldsymbol{u}\exp\left(-\frac{1}{2}\boldsymbol{u}^{\mathrm{T}}(\lambda\boldsymbol{I}_N-\boldsymbol{S})\boldsymbol{u}\right) \\
&= (2\pi)^{N/2}\left(\det(\lambda\boldsymbol{I}_N-\boldsymbol{S})\right)^{-1/2} \quad (3.53)
\end{aligned}$$

をそれぞれ用いた．

$Z(\lambda|\boldsymbol{S})$ を"分配関数"とみなせば式 (3.52) で必要となるのは大自由度極限 $N\to\infty$ での分配関数の対数に関する"配位平均"に他ならない．これなら前節で解説した手続きに従ってレプリカ法で評価できる，というわけである．

3.2.3 レプリカ法による評価

レプリカ法を用いて，二つの代表的な漸近固有値分布，ウィグナーの半円則とマルチェンコ–パスツール則，をそれぞれ導出してみよう．

■ウィグナーの半円則

$N \times N$ 実対称行列 $\boldsymbol{S} = (s_{ij})$ の要素 $\{s_{ij} | i \leq j\}$ を独立に平均ゼロ，分散 $1/N$ の正規分布に従って定める．このように定めたランダム行列のアンサンブルは分布

$$P(\boldsymbol{S}) = \left(\frac{N}{2\pi}\right)^{N(N+1)/2} \exp\left(-\frac{N}{2}\sum_{i \leq j} s_{ij}^2\right) \tag{3.54}$$

によって直接的に表現することができる．

式 (3.54) で特徴づけられる行列アンサンブルに対しレプリカ法にもとづいて式 (3.52) を評価する．そのために，$n \in \mathbb{N}$ について分配関数のモーメント

$$\begin{aligned}
[Z^n(\lambda|\boldsymbol{S})] &= \int \left(\prod_{a=1}^{n} d\boldsymbol{u}_a\right) \left[\exp\left(-\frac{1}{2}\sum_{a=1}^{n} \boldsymbol{u}_a^{\mathrm{T}}(\lambda \boldsymbol{I}_N - \boldsymbol{S})\boldsymbol{u}_a\right)\right]_{\boldsymbol{S}} \\
&= \int \left(\prod_{a=1}^{n} d\boldsymbol{u}_a\right) \left(\exp\left(-\frac{\lambda}{2}\sum_{a=1}^{n}|\boldsymbol{u}_a|^2\right) \right. \\
&\qquad \left. \times \left[\exp\left(\frac{1}{2}\sum_{a=1}^{n}\boldsymbol{u}_a^{\mathrm{T}}\boldsymbol{S}\boldsymbol{u}_a\right)\right]_{\boldsymbol{S}}\right)
\end{aligned} \tag{3.55}$$

に関する解析的な表現を得ることがはじめの目標になる．ただし，u_{ia} はレプリカベクトル $\boldsymbol{u}_a$ の i 番目の成分を表す．

独立性を利用して要素ごとに平均を評価すると

$$\begin{aligned}
\left[\exp\left(\frac{1}{2}s_{ii}\sum_{a=1}^{n} u_{ia}^2\right)\right]_{s_{ii}} &= \int ds_{ii} \sqrt{\frac{N}{2\pi}} \exp\left(-\frac{Ns_{ii}^2}{2} + \frac{1}{2}s_{ii}\sum_{a=1}^{n} u_{ia}^2\right) \\
&= \exp\left(\frac{1}{8N}\left(\sum_{a=1}^{n} u_{ia}^2\right)^2\right)
\end{aligned} \tag{3.56}$$

$$\left[\exp\left(s_{ij}\sum_{a=1}^{n}u_{ia}u_{ja}\right)\right]_{s_{ij}} = \int ds_{ij}\sqrt{\frac{N}{2\pi}}\exp\left(-\frac{Ns_{ij}^2}{2}+s_{ij}\sum_{a=1}^{n}u_{ia}u_{ja}\right)$$
$$= \exp\left(\frac{1}{2N}\left(\sum_{a=1}^{n}u_{ia}u_{ja}\right)^2\right) \quad (3.57)$$

が得られる．ここで

$$q_{ab} = \frac{1}{N}\bm{u}_a^{\mathrm{T}}\bm{u}_b = \frac{1}{N}\sum_{i=1}^{N}u_{ia}u_{ib} \quad (a\leq b=1,2,\ldots,n) \quad (3.58)$$

とし $\bm{Q}=(q_{ab})$ とおく．式 (3.56), (3.57) は固定された $\bm{u}_1,\bm{u}_2,\ldots,\bm{u}_n$ に対して

$$\frac{1}{N}\log\left(\exp\left(-\frac{\lambda}{2}\sum_{a=1}^{n}|\bm{u}_a|^2\right)\times\left[\exp\left(\frac{1}{2}\sum_{a=1}^{n}\bm{u}_a^{\mathrm{T}}S\bm{u}_a\right)\right]_{\bm{S}}\right)$$
$$= -\frac{\lambda}{2N}\sum_{a=1}^{n}\sum_{i=1}^{N}u_{ia}^2 + \sum_{i=1}^{N}\frac{1}{8N^2}\left(\sum_{a=1}^{n}u_{ia}^2\right)^2 + \sum_{i<j}\frac{1}{2N^2}\left(\sum_{a=1}^{n}u_{ia}u_{ja}\right)^2$$
$$\simeq -\sum_{a=1}^{n}\frac{\lambda}{2N}\sum_{i=1}^{N}u_{ia}^2 + \frac{1}{4}\sum_{a=1}^{n}\left(\frac{1}{N}\sum_{i=1}^{N}u_{ia}^2\right)^2 + \frac{1}{2}\sum_{a<b}\left(\frac{1}{N}\sum_{i=1}^{N}u_{ia}u_{ib}\right)^2 + O(N^{-1})$$
$$= -\frac{\lambda}{2}\sum_{a=1}^{n}q_{aa} + \frac{1}{4}\sum_{a=1}^{n}q_{aa}^2 + \frac{1}{2}\sum_{a<b}q_{ab}^2 \equiv \mathcal{T}_n^{\mathrm{W}}(\bm{Q}) \quad (3.59)$$

となることを意味している．このことに着目し，式 (3.55) を評価する際 $\bm{Q}$ を固定したもとで $\bm{u}_1,\bm{u}_2,\ldots,\bm{u}_n$ に関する積分を評価し，その後 $\bm{Q}$ について積分する．鞍点法にもとづき前節の式 (3.30) と同様の評価を行うと，表現

$$\frac{1}{N}\log\left(\int\left(\prod_{a=1}^{n}d\bm{u}_a\delta(|\bm{u}_a|^2-Nq_{aa})\right)\times\left(\prod_{a<b}\delta(\bm{u}_a^{\mathrm{T}}\bm{u}_b-Nq_{ab})\right)\right)$$
$$= \underset{\widehat{\bm{Q}}}{\mathrm{extr}}\left\{\frac{1}{2}\mathrm{tr}(\widehat{\bm{Q}}\bm{Q}) - \frac{1}{2}\log\det\widehat{\bm{Q}} + \frac{n}{2}\log(2\pi)\right\} \equiv \mathcal{S}_n(\bm{Q}) \quad (3.60)$$

が導かれる．ただし，$\widehat{\bm{Q}}=(\widehat{q}_{ab})$ とした．さらに，これらを組み合わせ，大自由度極限 $N\to\infty$ に対して $\bm{Q}$ に関する積分を鞍点法によって評価すると $n\in\mathbb{N}$

についてのモーメントに関する一般的表現

$$\frac{1}{N} \log [Z^n(\lambda|\boldsymbol{S})]_{\boldsymbol{S}} = \underset{\boldsymbol{Q}}{\text{extr}} \left\{ \mathcal{T}_n^{\text{W}}(\boldsymbol{Q}) + \mathcal{S}_n(\boldsymbol{Q}) \right\} \tag{3.61}$$

が導かれる．

前節にならい，この表現にレプリカ対称仮定 $q_{aa} = Q$, $q_{ab} = q\ (a<b)$, $\widehat{q}_{aa} = \widehat{Q}$, $\widehat{q}_{ab} = -\widehat{q}\ (a<b)$ を課そう．すると

$$\mathcal{T}_n^{\text{W}}(\boldsymbol{Q}) = -\frac{n\lambda}{2}Q + \frac{n}{4}Q^2 + \frac{n(n-1)}{4}q^2 \tag{3.62}$$

$$\mathcal{S}_n(\boldsymbol{Q}) = \underset{\widehat{Q},\widehat{q}}{\text{extr}} \left\{ \frac{n}{2}\widehat{Q}Q - \frac{n(n-1)}{2}\widehat{q}q + \frac{n}{2}\log(2\pi) \right.$$
$$\left. - \frac{n}{2}\log(\widehat{Q}+\widehat{q}) - \frac{1}{2}\log\left(1 - \frac{n\widehat{q}}{\widehat{Q}+\widehat{q}}\right) \right\} \tag{3.63}$$

となり $n \in \mathbb{N}$ から $n \in \mathbb{R}$ への解析接続が可能になる．これらをレプリカトリック (3.15) に代入する．その結果，次の表現が得られる．

$$\frac{1}{N}[\log Z(\lambda|\boldsymbol{S})]_{\boldsymbol{S}} = \underset{\Theta}{\text{extr}} \left\{ -\frac{\lambda}{2}Q + \frac{1}{4}Q^2 - \frac{1}{4}q^2 + \frac{1}{2}\widehat{Q}Q + \frac{1}{2}\widehat{q}q + \right.$$
$$\left. \frac{1}{2}\log(2\pi) - \frac{1}{2}\log(\widehat{Q}+\widehat{q}) + \frac{\widehat{q}}{2(\widehat{Q}+\widehat{q})} \right\} \tag{3.64}$$

ただし，$\Theta = \{Q, q, \widehat{Q}, \widehat{q}\}$ である．

Θ に関する鞍点問題を解く．解は $q=0$ または $q\neq 0$ で場合分けされるが，漸近固有値分布に関係するのは $q=0$ の方である．そのとき，$\widehat{q}=0$

$$Q = \frac{\lambda + \sqrt{\lambda^2 - 4}}{2} \tag{3.65}$$

および $\widehat{Q} = 1/Q$ となる．一方，式 (3.64) を表現 (3.52) に代入すると

$$\rho(\lambda) = \frac{1}{\pi}|\text{Im}(Q)| \tag{3.66}$$

が得られる．式 (3.65) で虚数部分が現れるのは $-2 \leq \lambda \leq 2$ に対してであり

$$\rho(\lambda) = \frac{1}{2\pi}\sqrt{4-\lambda^2} \tag{3.67}$$

が結論づけられる．この結果は**ウィグナーの半円則**に他ならない．

■ マルチェンコ–パスツール

もう一つの例として $N \times M$ 実長方行列 $\boldsymbol{X} = (x_i^\mu)$ の要素 $\{x_i^\mu | 1 \leq i \leq N, 1 \leq \mu \leq M\}$ の各要素が独立に平均ゼロ，分散 1 の標準正規分布に従って定まる状況を考えよう．このように定まる行列アンサンブルを表現する分布は

$$P(\boldsymbol{X}) = \frac{1}{(2\pi)^{MN/2}}\exp\left(-\frac{1}{2}\sum_{i,\mu}(x_i^\mu)^2\right) \tag{3.68}$$

である．式 (3.68) からのサンプル $\boldsymbol{X}$ にもとづいて行列要素

$$s_{ij} = \frac{1}{M}\sum_{\mu=1}^{M} x_i^\mu x_j^\mu \tag{3.69}$$

を定め，$N \times N$ 実対称行列 $\boldsymbol{S} = (s_{ij})$ を定義する．$M \gg 1$ の場合 $\boldsymbol{S}$ はデータ行列 $\boldsymbol{X}$ に関する標本分散共分散行列を表現していると考えてよい．以下の考察は，データ行列が標準正規乱数により定まる"雑音成分"のみで与えられる場合について標本分散共分散行列の固有値分布を評価することに対応する．

前例と同様，$n \in \mathbb{N}$ について分配関数のモーメント (3.55) に関する表現を得ることがはじめの目標となる．その際，$\boldsymbol{X}$ が式 (3.68) からサンプルされる場合，

$$y_a^\mu = \frac{1}{\sqrt{M}}\sum_{i=1}^{N} x_i^\mu u_{ia} \quad (a = 1, 2, \ldots, n) \tag{3.70}$$

が各 μ ごとに独立に平均ゼロ，分散・共分散

$$[y_a^\mu y_b^\mu]_{\boldsymbol{X}} = \frac{1}{\alpha}q_{ab} \tag{3.71}$$

の多変量正規分布に従うことに着目する．ただし，前節と同様 $\alpha = M/N$ とし，q_{ab} は式 (3.58) で与えられる．また，以下 $\boldsymbol{Q} = (q_{ab})$ とする．

3.2 ■ 漸近固有値分布

これらのことから，アンサンブル (3.68) に対し，表現

$$\frac{1}{N} \log \left(\exp\left(-\frac{\lambda}{2}\sum_{a=1}^{n}|\boldsymbol{u}_a|^2\right) \times \left[\exp\left(\frac{1}{2}\sum_{a=1}^{n}\boldsymbol{u}_a^{\mathrm{T}}\boldsymbol{S}\boldsymbol{u}_a\right)\right]_{\boldsymbol{X}} \right)$$

$$= -\frac{\lambda}{2}\sum_{a=1}^{n} q_{aa} - \frac{\alpha}{2}\log\det\left(\boldsymbol{Q}^{-1} - \alpha^{-1}\boldsymbol{I}_N\right) \equiv \mathcal{T}_n^{\mathrm{MP}}(\boldsymbol{Q}) \quad (3.72)$$

が得られる．一方，$\boldsymbol{Q}$ を固定したもとでの $\boldsymbol{u}_1, \boldsymbol{u}_2, \ldots, \boldsymbol{u}_n$ に関する体積要素の評価は前例と同じである．

前例と同様，レプリカ対称解 $q_{aa} = Q$，$q_{ab} = q\ (a<b)$ に制限すると

$$\begin{aligned}
\mathcal{T}_n^{\mathrm{MP}}(\boldsymbol{Q}) = &-\frac{n\lambda}{2}Q - \frac{n\alpha}{2}\log(1 - \alpha^{-1}(Q-q)) \\
&- \frac{\alpha}{2}\log\left(1 - \frac{n\alpha^{-1}q}{1 - \alpha^{-1}(Q-q)}\right)
\end{aligned} \quad (3.73)$$

となる．体積要素については式 (3.63) と同じである．これらをレプリカトリック (3.15) に代入することにより表現

$$\begin{aligned}
\frac{1}{N}\left[\log Z(\lambda|\boldsymbol{S})\right]_{\boldsymbol{X}} = \mathop{\mathrm{extr}}_{\Theta} \Big\{ &-\frac{\lambda}{2}Q - \frac{\alpha}{2}\log(1-\alpha^{-1}(Q-q)) \\
&+ \frac{q}{2(1-\alpha^{-1}(Q-q))} + \frac{1}{2}\log(2\pi) \\
&+ \frac{1}{2}\widehat{Q}Q + \frac{1}{2}\widehat{q}q - \frac{1}{2}\log(\widehat{Q}+\widehat{q}) + \frac{\widehat{q}}{2(\widehat{Q}+\widehat{q})} \Big\}
\end{aligned} \quad (3.74)$$

を得る．ただし，前例と同様 $\Theta = \{Q, q, \widehat{Q}, \widehat{q}\}$ とした．

Θ に関する鞍点問題を解く．前例と同様，漸近固有値分布に関係するのは $q=0$，$\widehat{q}=0$，

$$Q = \alpha + \frac{1-\alpha+\alpha\sqrt{(\lambda-\lambda_+)(\lambda-\lambda_-)}}{2\lambda} \quad (3.75)$$

および $\widehat{Q} = 1/Q$ により与えられる解である．ただし，

$$\lambda_{\pm} = \left(1 \pm \frac{1}{\sqrt{\alpha}}\right)^2 \quad (3.76)$$

とおいた[*1]. 式 (3.75) の虚数部分から漸近固有値分布が得られる．その際, $\alpha \leq 1$ に対しては

$$\mathrm{Im}(Q) = \lim_{\epsilon \to +0} \mathrm{Im}\left(\frac{1-\alpha}{\lambda - i\epsilon}\right) = (1-\alpha)\pi\delta(\lambda) \quad (\lambda \sim 0) \qquad (3.77)$$

の寄与も忘れてはならないことに注意する．これはデータ数 $M = \alpha N$ が次元数 N に満たないことによって生じる $N - M = N(1-\alpha)$ 個のゼロ固有値からの寄与を表している．以上を式 (3.66) に代入することで**マルチェンコ–パスツール則**

$$\rho(\lambda) = [1-\alpha]^+ \delta(\lambda) + \alpha \frac{\sqrt{(\lambda_+ - \lambda)(\lambda - \lambda_-)}}{2\pi\lambda} \qquad (3.78)$$

が得られる．ただし，$[x]^+ = x \ (x \geq 0), \ 0 \ (x < 0)$ である．

3.2.4 回転不変な行列アンサンブルで成り立つ公式

前の 2 例では，与えられたランダム行列のアンサンブルに対して大自由度極限で現れる漸近固有値分布をレプリカ法を利用して求めた．ここでは視点を変え，漸近固有値分布にもとづいて定義される行列アンサンブルに対して成立する興味深い公式と，それに関連する話題について述べる．

■ 行列積分 $G(x)$

実対称行列 S を考える．対角化を行うと，S は必ず $N \times N$ の直交行列 O と固有値 $\lambda_1, \lambda_2, \ldots, \lambda_N$ を対角成分とする対角行列 $D = (\lambda_i \delta_{ij})$ を用いて

$$S = ODO^{\mathrm{T}} \qquad (3.79)$$

と表現することができる．このことを踏まえ，S に対して関数

$$G(x) = \frac{1}{N} \log \left(\frac{\int d\boldsymbol{u} \exp\left(\frac{1}{2}\boldsymbol{u}^{\mathrm{T}} S \boldsymbol{u}\right) \delta(|\boldsymbol{u}|^2 - Nx)}{\int d\boldsymbol{u}\, \delta(|\boldsymbol{u}|^2 - Nx)} \right) \qquad (3.80)$$

[*1] 他章の結果と比較して λ_+ および λ_- がそれぞれ $1/\alpha$ 倍されているのは，式 (3.69) が次元数 N ではなくデータ数 M で規格化されているため．

3.2 ■漸近固有値分布

を定義する．デルタ関数のフーリエ表示

$$\delta(|\bm{u}|^2 - Nx) = \frac{1}{4\pi} \int_{-i\infty}^{+i\infty} d\Lambda \exp\left(-\frac{\Lambda}{2}(|\bm{u}|^2 - Nx)\right) \tag{3.81}$$

を利用し式 (3.80) を評価する．その際，変数変換 $\bm{u}' = \bm{O}^{\mathrm{T}} \bm{u}$ を行うと直交行列 $\bm{O}$ の詳細によらない表現

$$\bm{u}^{\mathrm{T}} \bm{S} \bm{u} = (\bm{O}^{\mathrm{T}} \bm{u})^{\mathrm{T}} \bm{D} (\bm{O}^{\mathrm{T}} \bm{u}) = (\bm{u}')^{\mathrm{T}} \bm{D} \bm{u}' \tag{3.82}$$

$$|\bm{u}|^2 = |\bm{u}'|^2 \tag{3.83}$$

に還元されることに注意する．$N \gg 1$ に対して，Λ に関する積分を鞍点法によって評価する．その結果，式 (3.80) は $\bm{S}$ の固有値に関する経験分布 $\rho(\lambda) = N^{-1} \sum_{i=1}^{N} \delta(\lambda - \lambda_i)$ のみを用いて

$$G(x) = \underset{\Lambda}{\mathrm{extr}} \left\{ -\frac{1}{2} \int d\lambda \rho(\lambda) \ln(\Lambda - \lambda) + \frac{\Lambda x}{2} \right\} - \frac{1}{2} \log x - \frac{1}{2} \tag{3.84}$$

と表現できることが示される．

この結果にもとづき，以下のことを考える．$N \gg 1$ について，$N \times N$ の実対称行列のアンサンブルを想定する．このアンサンブルから取り出したランダム行列の各サンプル $\bm{S}$ に対して対角化 (3.79) を行う．その際，典型的なサンプルに対して $\bm{D}$ の固有値は漸近的に確定的なある固有値分布 $\rho(\lambda)$ で特徴づけられ，また，$\bm{O}$ は $N \times N$ 直交行列の一様分布からのサンプルとみなすことができると仮定しよう．前述の 2 例については，式 (3.54) および式 (3.68) が任意の直交行列を用いた回転について不変な分布であることから，$\bm{O}$ に関する後者の仮定については任意の N に対して成立している．また，前者の $\rho(\lambda)$ についての仮定は典型的なサンプル行列に関する固有値の経験分布が漸近固有値分布に漸近することを意味しており，前述の 2 例ではやはり満たされることがわかっている．

さて，$\bm{u}$ を $|\bm{u}|^2 = Nx$ となる任意の N 次元実ベクトルとしよう．このとき

$$G(x) = \frac{1}{N} \log \left[\exp\left(\frac{1}{2} \bm{u}^{\mathrm{T}} \bm{S} \bm{u}\right) \right]_{\bm{S}} \tag{3.85}$$

が成り立つ．これは次のように示される．固定された任意の $\bm{u}$ に対し，式 (3.85)

に示されている S に関する平均を評価する．上述の仮定から，それは対角化表現 (3.79) に対して D を固定し，$N \times N$ 直交行列に関する一様分布を表す測度（ハール測度）を用いて O について平均したものとなる．このとき固定された u に対して $u' = Ou$ は条件 $|u'|^2 = Nx$ を満たすすべての N 次元実ベクトルの集合の上を一様に動くことに注意しよう．これは式 (3.85) の右辺と式 (3.80) の右辺の一致を意味していることに他ならない．

■ **スティルチェス反転公式**

式 (3.85) は，回転不変性を満たす行列アンサンブルに対してレプリカ法を用いるよりもさらに簡便に漸近固有値分布を評価する手法を与える．式 (3.84) の Λ に関する停留条件に逆冪を用いたデルタ関数の表現を当てはめると，**スティルチェス反転公式** (Stieltjes inversion formula) と呼ばれる関係式

$$\rho(\Lambda) = \frac{1}{\pi} \mathrm{Im}\,(x(\Lambda)) \tag{3.86}$$

が得られる．ここで $x(\Lambda)$ は式 (3.84) を微分して得られる方程式

$$2G'(x) - \Lambda + \frac{1}{x} = 0 \tag{3.87}$$

の解である．

$G(x)$ は式 (3.85) を用いることで様々なアンサンブルに対し比較的容易に評価することができる．例えば，式 (3.54) については s_{ij} に関して独立に平均を評価することにより

$$G(x) = \frac{1}{4}\left(\frac{|u|^2}{N}\right)^2 = \frac{x^2}{4} \tag{3.88}$$

が得られる．これを式 (3.87) に代入すると

$$x(\Lambda) = \frac{\Lambda + \sqrt{\Lambda^2 - 4}}{2} \tag{3.89}$$

となる．式 (3.86) に従い虚数部分を取り出し $\Lambda \to \lambda$ とすれば直ちにウィグナーの半円則 (3.67) が再現される．また，式 (3.68) に対しては $G(x) = -(\alpha/2)\log(1 - \alpha^{-1}x)$ となる．これを式 (3.87) に代入し $x(\Lambda)$ を解くことで，

3.2 漸近固有値分布

マルチェンコ–パスツール則も同様に再導出される.

式 (3.86), (3.87) は漸近固有値分布 $\rho(\lambda)$ と $G(x)$ の間に変換および逆変換の関係が存在することを示している. 同様の関係は自由確率論で R-変換と呼ばれている.

■ハリスチャンドラ–イチクソン–ズバー積分

式 (3.85) は単一のベクトル u だけでなく行列に関する公式に拡張することができる. 具体的にはランクが $O(N^{1/2-\epsilon})$ $(\epsilon > 0)$ である任意の実対称行列 L に対して

$$\frac{1}{N} \log \left[\exp\left(\frac{1}{2} \mathrm{tr}(SL) \right) \right]_S = \mathrm{tr}\left(G\left(\frac{L}{N} \right) \right) \tag{3.90}$$

が成立する. この式の右辺は L/N の固有値 $\tau_1, \tau_2, \ldots, \tau_N$ に対して $G(\tau_i)$ を評価し, それらをすべて足し合わせることを意味する. ただし, L のランクが $O(N^{1/2-\epsilon})$ である, つまり τ_i のうちゼロでない固有値は高々 $O(N^{1/2-\epsilon})$ 個であることが前提である. 式 (3.85) はこの等式で L のランクが 1 である場合にあたる.

ランダム行列の理論では $O(1)$ の N に対して**ハリスチャンドラ–イチクソン–ズバー積分** (Harish-Chandra-Itzykson-Zuber integral)[*1]と呼ばれる公式

$$\left[\exp\left(\frac{1}{2} \mathrm{tr}(UDU^\mathrm{T} E) \right) \right]_U = \mathrm{const.} \times \frac{\det\left(\exp\left(N \lambda_i \mu_j \right) \right)}{N^{N(N-1)/2} \Delta(\lambda) \Delta(\mu)} \tag{3.91}$$

が知られている. ただし, const. はある定数, $[\cdots]_U$ は $N \times N$ のユニタリ行列のハール測度にもとづく平均, D, E はそれぞれ $N \times N$ の実対角行列であり, それぞれの固有値を $\lambda_1 \geq \lambda_2 \geq \ldots \geq \lambda_N$, $\mu_1 \geq \mu_2 \geq \ldots \geq \mu_N$ としている. また, $\Delta(\lambda) = \prod_{i<j}(\lambda_i - \lambda_j)$, $\Delta(\mu) = \prod_{i<j}(\mu_i - \mu_j)$ である. ユニタリ行列と直交行列という行列アンサンブルの違いを無視すれば, 式 (3.90) および (3.85) は, 式 (3.91) において D のランクを $O(N)$, E のランクを $O(N^{1/2-\epsilon})$ に (あるいは $O(1)$) に保ったまま $N \to \infty$ とした極限に対応している.

なお, この章では実対称行列のアンサンブルを念頭においているが, 複素数

[*1] Harish-Chandra は 1 人の数学者の名前. 一方, Itzykson と Zuber は 2 人の理論物理学者の名前.

を要素とするエルミート行列の場合についても，固定された $\rho(\lambda)$ に対して

- 直交行列 $O \to$ ユニタリ行列 U
- 転置 $O^{\mathrm{T}} \to$ エルミート共役 $U^{\dagger}$
- 式 (3.90) において $(1/2)\mathrm{tr}(SL) \to \mathrm{tr}(SL)$
- 式 (3.84) の右辺を 2 倍する

という変更を加えれば同様の公式が成り立つ．

■ 2 体相互作用スピングラスモデル

統計力学における 2 体相互作用**スピングラスモデル**の分配関数は一般に

$$Z(\beta|S) = \int \left(du \prod_{i=1}^{N} P(u_i) \right) \exp\left(\frac{\beta}{2} u^{\mathrm{T}} S u \right) \tag{3.92}$$

と表現できる．ここで，S はスピン間の相互作用を表すランダムな実対称行列である．$P(u_i)$ はスピン変数に関する制約を表す事前分布であり，$P(u_i) = (1/2)(\delta(u_i - 1) + \delta(u_i + 1))$ の場合には広く研究されている**イジングスピン**に対応する．このシステムの性質をレプリカ法によって評価することを考える．

実対称な相互作用行列 $S = (s_{ij})$ が回転不変なアンサンブルで特徴づけられるとしよう．

$$L(n) = \sum_{a=1}^{n} u_a u_a^{\mathrm{T}} \tag{3.93}$$

とおくと，式 (3.90) を用いることで表現

$$\frac{1}{N} \left[\exp\left(\sum_{a=1}^{n} \frac{\beta}{2} u_a^{\mathrm{T}} S u_a \right) \right]_S = \mathrm{tr}\left(G\left(\frac{\beta L(n)}{N} \right) \right) \tag{3.94}$$

が得られる．行列の双対性から，$L(n)/N$ のゼロでない固有値は式 (3.58) で定められる q_{ab} を要素とする $n \times n$ 行列 $Q = (q_{ab})$ の n 個の固有値に一致することが示される．また，式 (3.85) から任意の $\rho(\lambda)$ に対して $G(0) = 0$ であることが保証される．これらのことから $\mathrm{tr}\left(G\left(N^{-1}\beta L(n)\right)\right) = \mathrm{tr}(G(\beta Q))$ が結論づけられる．さらに，Q を固定した際の体積要素を評価し，$N \gg 1$ について Q

に関する積分を鞍点評価する．その結果，$n \in \mathbb{N}$ に関するモーメントの評価式

$$\frac{1}{N} \log [Z^n(\beta|\boldsymbol{S})]_{\boldsymbol{S}} = \underset{\boldsymbol{Q},\widehat{\boldsymbol{Q}}}{\mathrm{extr}} \left\{ \mathrm{tr}\left(G(\beta\boldsymbol{Q})\right) - \mathrm{tr}\left(\widehat{\boldsymbol{Q}}\boldsymbol{Q}\right) \right. \\ \left. + \log\left(\int \left(\prod_{a=1}^{n} dv_a P(v_a)\right) \exp\left(\frac{1}{2}\boldsymbol{v}^{\mathrm{T}}\widehat{\boldsymbol{Q}}\boldsymbol{v}\right)\right) \right\} \quad (3.95)$$

が得られる．ただし，$\boldsymbol{v} = (v_1, v_2, \ldots, v_n)^{\mathrm{T}}$ である．

　この表現は相互作用行列 $\boldsymbol{S}$ に含まれるシステムの性質を定める情報は，スピン変数に関する制約によらず，すべて $G(x)$ に集約されていることを示している．相互作用行列のアンサンブルが回転不変性を満たす場合にはレプリカ法に必要なモーメント評価の問題はすべて式 (3.95) の形に表現され，個別システムの特徴は $G(x)$ の関数形に反映される．このことにより，広いクラスの $\boldsymbol{S}$ のアンサンブルについてレプリカ法にもとづく解析を見通しよく系統的に行うことが可能になる．

3.3　おわりに

　情報統計力学における代表的な解析法であるレプリカ法によってランダム行列がどのように分析されているのか，について二つの具体例を取り上げて紹介した．最後に本章で触れた内容について関連する文献をあげておく．
　主成分分析の統計力学的な考察については [11] が詳しい．[11] では複数の主成分を考慮した場合についても解析されている．有限サイズスケーリング仮説については解説記事 [12]，教科書 [13] 等を参照していただきたい．
　本章で紹介したレプリカ法にもとづいた漸近固有値分布の評価は [14]，[15] で導入された．対称行列の制約を除き，各要素が独立同分布で平均ゼロ，分散 $1/N$ の正規分布に従う場合，漸近固有値分布は固有値が原点を中心とする半径 2 の円の内部に一様分布することを意味する"円則"となる．円則はレプリカ法を用いて [16] で導出されている．
　本章では，行列内のすべての要素が典型的にゼロでない密行列について考察した．ランダム行列の理論で広く研究されているもう一つの対象に行列内のゼロでない要素の割合が少ない疎行列のアンサンブルがある．これに関するレプ

リカ法にもとづいた漸近固有値分布については [17–20] などで，また，最大固有値や対応する固有ベクトルの形状については [21, 22] などで，それぞれ議論されている．

行列積分 $G(x)$ と R-変換，ハリスチャンドラ–イチクソン–ズバー積分との関係については [23] に詳しい記述がある．R-変換とそのベクトル通信路問題への応用はモノグラフ [24] で詳細に解説されている．$G(x)$ を利用したスピングラスモデルの記述は [25] で初めて導入された．$G(x)$ のベクトル通信路問題への応用，同様の積分公式の長方行列への一般化およびその情報通信，パターン認識問題への応用についてはそれぞれ [26], [27] をご参照いただきたい．

第3章の関連図書

[1] D. J. Amit, H. Gutfreund and H. Sompolinsky, "Spin-glass models of neural networks," *Physical Review A*, Vol. 32, no. 2, pp. 1007-1018, 1985

[2] N. Sourlas, "Spin-glass models as error-correcting codes," *Nature*, Vol. 339, pp. 693-695, 1989

[3] Y. Fu and P. W. Anderson, "Application of statistical mechanics to NP-complete problems in combinatorial optimisation," *Journal of Physics A: Mathematical and General*, Vol. 19, no. 9, pp. 1605-1620, 1986

[4] Y. Kabashima and D. Saad, "Statistical mechanics of error-correcting codes," *Europhysics Letters*, Vol. 45, no. 1, pp. 97-103, 1999

[5] R. Monasson, R. Zecchina, S. Kirkpatrick, B. Selman and L. Troyansky, "Determining computational complexity from characteristic 'phase transitions'," *Nature*, Vol. 400, pp. 133-137, 1999

[6] T. Tanaka, "A statistical-mechanics approach to large-system analysis of CDMA multiuser detectors," *IEEE Transaction on Information Theory*, Vol. 48, no. 11, pp. 2888-2910, 2002

[7] C. E. Shannon, "A mathematical theory of communication," *Bell System Technical Journal*, Vol. 27, pp. 379-423 (Part I), pp. 623-656 (Part II), 1948

[8] 西森秀稔：「スピングラス理論と情報統計力学」，岩波書店 (1999)

[9] 堀口剛，佐野雅己：「大学院情報理工学 (2) 情報数理物理」，講談社サイエンティフィク (2000)

[10] 樺島祥介：「学習と情報の平均場理論」，岩波書店 (2002)

[11] D. C. Hoyle and M. Rattray, "Principal-component-analysis eigenvalue spectra from data with symmetry-breaking structure," *Physical Review E*, Vol. 69, no. 2, 026124 (13pp), 2004

[12] 福島孝治，「「"沢山あること"に宿る数理」スケーリング理論とは何か？：─有限系から無限系を見る方法─」，日本神経回路学会誌，Vol. 14, No. 4, pp. 305-312, 2007

[13] 西森秀稔：「相転移・臨界現象の統計物理学」，培風館 (2005)

[14] S. F. Edwards and R. C. Jones, "The eigenvalue spectrum of a large symmetric random matrix,", *Journal of Physics A: Mathematical and General*, Vol. 9, no. 10, pp. 1596-1603, 1976

[15] M. Opper, "Learning in Neural Networks: Solvable Dynamics," *Europhysics Letters*, Vol. 8, no. 4, pp. 389-392, 1989

[16] H. J. Sommers, A. Crisanti and H. Sompolinsky, "Spectrum of Large Random Asymmetric Matrices," *Physical Review Letters*, Vol. 60, no. 19, pp. 1895-1898, 1988

[17] G. J. Rodgers and A. J. Bray, "Density of states of a sparse random matrix," *Physical Review B*, Vol. 37, no. 7, 3557-3562, 1988

[18] G. Semerjian and L. F. Cugliandolo, "Sparse random matrices: the eigenvalue spectrum revisited", *Journal of Physics A: Mathematical and General*, Vol. 35, no. 23, pp. 4837-4851, 2002

[19] T. Nagao and T. Tanaka, "Spectral density of sparse sample covariance matrices," *Journal of Physics A: Mathematical and Theoretical*, Vol. 40, no. 19, pp. 4973-4987, 2007

[20] R. Kühn, "Spectra of sparse random matrices," *Journal of Physics A: Mathematical and Theoretical*, Vol. 41, no. 29, 295002 (21pp), 2008

[21] Y. Kabashima and H. Takahashi, "First eigenvalue/eigenvector in sparse random symmetric matrices: influences of degree fluctuation," *Journal of Physics A: Mathematical and Theoretical*, Vol. 45, no. 32, 325001 (19pp), 2012

[22] K. Nakagawa and H. Yamaguchi "The first eigenvalue of (c, d)-regular graph," *IEICE Trans. Information Systems*, E96-D(3), pp. 433-442, 2013

[23] T. Tanaka, "Asymptotics of Harish-Chandra-Itzykson-Zuber integrals and free probability theory," *Journal of Physics Conference Series*, Vol. 95, 012002 (9pp), 2008

[24] A. M. Tulino and S. Verdú: *Random matrix theory and wireless communications*, now Publishers, (2004)

[25] E. Marinari, F. Ritort and G. Parisi, "Replica field theory for deterministic models: II. A non-random spin glass with glassy behaviour," *Journal of Physics A: Mathematical and General*, Vol. 27, no. 23, pp. 7647-7668, 1994

[26] K. Takeda, S. Uda and Y. Kabashima, "Analysis of CDMA systems that are characterized by eigenvalue spectrum," *Europhysics Letters*, Vol. 76, no. 6, pp. 1193-1199, 2006

[27] Y. Kabashima, "Inference from correlated patterns: a unified theory for perceptron learning and linear vector channels," *Journal of Physics Conference Series*, Vol. 95, 012001 (13pp), 2008

第4章
情報学からのランダム行列入門

　ランダム行列の研究は，もっぱら統計学や数理物理学の分野でなされてきた．しかし，情報学や工学の分野で不確実性，不確定性を定量的に取り扱う必要のある局面でも，ランダム行列は時折ひょっこりと顔を出し，往々にして重要な役割を果たす．その際，ランダム行列について少しでも知識があるとよいのだが，全く知識がないとどうしてもてこずることになりがちである．

　だから，情報学，工学分野での応用を踏まえつつランダム行列の数理について基礎的なことを整理しておくと何かと便利なのではないか．本章の趣旨はこういったところにある．ランダム行列に関する日本語の書籍としては [1] があるが，もっぱら数理物理学への応用を念頭に置いて書かれており，情報学，工学分野の研究者にとってはいささか敷居が高い[*1]．しかしながら，ランダム行列という主題にもし興味があるのであれば，どういった分野で概略どういう問題意識のもとでランダム行列の研究がなされてきたかをそれなりに押さえておくことは有益であろう．そういう趣旨で，4.1 節ではランダム行列の研究の歴史を極めて大雑把に眺めておく．4.2 節では，情報学，工学分野から見て関連がありそうなランダム行列理論の応用例を概観する．ランダム行列に関する近年の研究動向については雑誌「数理科学」でも特集が組まれている [2] ので，そちらも併せてご覧いただきたい．続く 4.3 節では，ランダム行列に関してよく知

[*1] 何しろ，最初の節は四元数の導入から始まるのである．

られている基本的な成果について紹介する．4.4 節では，近年の注目すべき研究動向の一つとして自由確率論を取り上げ，そのさわりを紹介する．

4.1 歴史

4.1.1 多変量統計学

ランダム行列，あるいは同じことだが行列値確率変数は，ベクトル値確率変数の共分散を議論する際などに自然に現れる．具体的な例として，$\mathbb{R}^N$ に値をとる独立同分布な確率変数 (確率ベクトル) の長さ p の列 $\boldsymbol{X}_1, \boldsymbol{X}_2, \ldots, \boldsymbol{X}_p$ から，これらを生成するもとの分布の平均と共分散行列とを推測したい，という場合を考えてみよう．例えば

$$\bar{\boldsymbol{X}} = \frac{1}{p}\sum_{i=1}^{p} \boldsymbol{X}_i \tag{4.1}$$

$$C = \frac{1}{p-1}\sum_{i=1}^{p}(\boldsymbol{X}_i - \bar{\boldsymbol{X}})(\boldsymbol{X}_i - \bar{\boldsymbol{X}})^T \tag{4.2}$$

を計算することによって平均と共分散行列とを推測することができるだろう．統計量としてこれらがどういう分布に従うかは，$\boldsymbol{X}_i$ がどういう分布に従って生成したかによる．$\boldsymbol{X}_1, \boldsymbol{X}_2, \ldots, \boldsymbol{X}_p$ が平均 $\boldsymbol{\mu}$，共分散行列 Σ の多変量正規分布に従うとき，

$$(p-1)C = \sum_{i=1}^{p}(\boldsymbol{X}_i - \bar{\boldsymbol{X}})(\boldsymbol{X}_i - \bar{\boldsymbol{X}})^T \tag{4.3}$$

は，パラメータ Σ をもち自由度 $(p-1)$ の**ウィシャート分布**と呼ばれる分布に従うことがわかっている．

$N=1$ の場合に同じ議論をすると自由度 $(p-1)$ の χ^2 分布が得られる．このことから，ウィシャート分布は χ^2 分布の多次元への拡張に相当していることや，共分散行列の推定や検定などで使われることなどが推測できよう．

ウィシャート分布の明示的な形は，$N=2$ の場合については Fisher [3] により，一般の N の場合については Wishart [4] によりそれぞれ得られている．いずれも 20 世紀前半のことである．これ以降，おもに多変量統計学と呼ばれる

4.1.2 核物理学

現代のランダム行列研究の直接の祖先にあたるのは，1950年代になされた数理物理学者 Wigner[*1]の研究 [7,8] だとされている．以下に概説するように，核物理学の問題に関する考察がランダム行列研究のきっかけを与えたのである．

当時，**中性子共鳴**（図 4.1）などの手段で原子核の構造を調べようとする研究が盛んになされていた．遅い中性子[*2]を原子核に照射すると，中性子が原子核に捕獲されることがある．中性子を捕獲した原子核は複合核と呼ばれる．複合核は種類に応じて様々な反応を引き起こすが，γ線を放出する反応が引き起こされる場合には，放出される γ 線を観測することで捕獲が起こったことを知ることができる．中性子が原子核に捕獲されるには，中性子が適切なエネルギーをもっていなくてはならない．エネルギーが既知の中性子を原子核に照射し[*3]，どのようなエネルギーをもつ中性子が捕獲されるかを調べることで，原子核のエネルギー準位に関する情報が得られる．

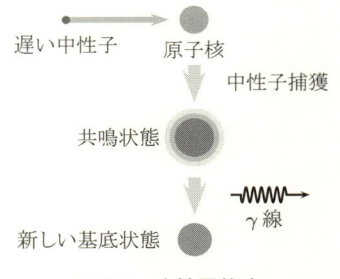

図 4.1 中性子共鳴．

このような原子核のエネルギー準位に関する研究において，基底状態や低励起エネルギー準位については井戸型ポテンシャル中の単一粒子モデルで非常によく記述できるのに対し，より高い励起エネルギー領域ではそのような記述が

[*1] 1963年にノーベル物理学賞を受賞．
[*2] 速い中性子を照射すると，原子核に捕獲されるよりも原子核をはじき飛ばしてしまうことが多くなる．
[*3] 中性子は電荷をもたないため，運動エネルギーが中性子のエネルギーに対応している．中性子の運動エネルギーは飛行時間法などの手段で求めることができる．

難しいことが認識されていた．Wignerは，基本的な対称性だけは満足するがそれ以外はランダムであるような非常に大きい行列の固有値によって，高励起エネルギー領域でのエネルギー準位の統計的な性質（エネルギー準位統計と呼ばれる）をよく再現することができるであろう，という大胆な仮説を立て，サイズが大きい極限におけるランダム行列の漸近固有値分布の研究の端緒を開いた．

ランダム行列の核物理学への応用に際しては，隣接エネルギー準位間の相関（すなわち，値が隣接する固有値間の相関）などの情報が重要であり，この点が，情報学，工学分野での主要な問題意識と大きく異なるところである．Wignerに端を発するランダム行列研究の広がりは，Mehtaによる労作 [9] にまとめられている．

4.2　いくつかの応用

4.2.1　無線通信理論

■スカラー通信路

ランダム行列理論は，無線通信の理論において重要な役割を果たしている．まずは，入出力がともにスカラーであるような**通信路（スカラー通信路）**を考えよう．無線通信の分野でスカラー通信路を議論する際には，通信路への入力をx, 通信路からの出力をy（簡単のため，ともに実数とする）としたとき，もっとも基本的なモデル化は

$$y = hx + n \tag{4.4}$$

という形で与えられる（図 4.2 (a)）．係数 h は，無線通信路での信号の伝搬を特徴づけるもので，**フェーディング**[*1]係数などと呼ばれる．また，無線通信路では通常は信号の劣化があるため，通信路出力 y は一般には hx と等しくはならない．両者の差 $n = y - hx$ は通信路ノイズを表している．本章では，通信路ノイズ n は x や h とは独立に平均ゼロ，分散 σ^2 の正規分布 $N(0, \sigma^2)$ に従う（加法的ガウスノイズ）ものと仮定する．このとき，スカラー通信路 (4.4) は**ガウス通信路**と呼ばれる．

ガウス通信路 (4.4) の情報伝送能力を定量的に議論するには，**通信路容量**を求めればよい．一般に，通信路の情報伝送能力は，通信路の入出力間の相互情報

[*1]　「フェージング」などと表記されることもある．

4.2 いくつかの応用

（a）スカラー通信路　　　　（b）ベクトル通信路

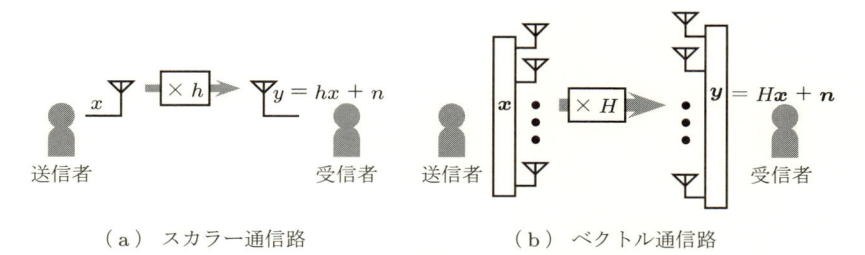

図 4.2　無線通信路のモデル．

量によって測ることができる．しかし，入出力間の相互情報量は，通信路の入力 x をどのような確率分布に従って発生させるかに依存する．通信路容量は，通信路入力の確率分布に関して相互情報量を最大化することによって求められる．ただし，ここで考えているガウス通信路の場合には，通信路入力について任意の確率分布を認めてしまうと意味のある議論ができない．「際限なくでかい声を出す」ことが許されるならば，そうすることによって加法的ガウスノイズに簡単に打ち勝つことができてしまうからである．このような自明な場合を排除するために，通信路入力の確率分布の 2 次モーメントがある値 $P > 0$ 以下でなければならない，という制約（電力制約）を課して議論するのが普通である．ガウス通信路の場合，電力制約のもとで通信路容量を達成するような通信路入力の分布は正規分布 $N(0, P)$ であることが知られており，通信路容量 C は

$$C = \frac{1}{2} \log \left(1 + \frac{Ph^2}{\sigma^2} \right) \tag{4.5}$$

で与えられる [10][*1]．

無線通信路では，フェージング係数 h は通信を行う環境の様々な要因からの影響を受ける．フェージング係数に影響を与えるおもな要因としては，環境に存在する種々の物体による反射や散乱のために，通信を担う電磁波が送信アンテナから受信アンテナまでたどり着くのに数多くの物理的な伝搬経路をたどる「マルチパス」をあげることができる．マルチパス環境下では，それぞれの伝搬経路をたどった信号成分が受信アンテナの位置で重ね合わせによって強

[*1] 一般に，異なる制約のもとでは異なる結果が得られる．例えば，通信路入力の値がある範囲内になければいけない，とする制約を課した場合には，通信路容量を達成するような通信路入力の分布は離散分布となることが知られている．この驚くべき結果は Smith [11] による．最近の進展については，例えば [12] およびそこで引用されている文献等を参照されたい．

め合ったり打ち消し合ったりする．移動体通信では，これにドップラー効果が加わり，話はもっとややこしくなる．フェージング係数 h はこれらの要因の影響を受けるので，その値は事前に知ることはまずできないし，また絶えず変動していると考えねばならない．

　フェージング係数 h を確率変数とみなすことによって，このような状況を議論することができる．式 (4.5) で与えられる通信路容量 C はフェージング係数 h の関数なので，$C = C(h)$ も確率変数である．フェージング係数 h の変動が時間的に見て比較的速い場合（**高速フェージング**）には，h のランダムさに関して $C(h)$ の期待値をとった量（**エルゴード容量**）が通信路の情報伝送能力の定量的指標として重要である．一方，フェージング係数 h の変動が時間的に見てゆっくりである場合（**低速フェージング**）には，$C(h)$ の期待値だけではなく分布全体を議論する必要がある．この場合の定量的指標としては $C(h)$ の分布の分位点がよく使われており，**アウテージ容量**と呼ばれている．

■ベクトル通信路

　携帯電話，無線 LAN などの技術が広く社会に普及するに伴い，ディジタル無線通信に対する要求が飛躍的に高まってきている．より大きな情報伝送能力，より高い信頼度を提供するために，近年注目を集めている無線通信技術の一つが，**MIMO** (multiple-input multiple-output) である．MIMO では，送信者，受信者はともに複数のアンテナを使用する．したがって，MIMO にもとづく通信路のモデル（図 4.2 (b)）では，通信路の入出力はともにベクトルとしてモデル化され，入出力関係は

$$\boldsymbol{y} = H\boldsymbol{x} + \boldsymbol{n} \tag{4.6}$$

という形で表される．式 (4.6) のような，入出力がベクトルである通信路は，一般に**ベクトル通信路**と呼ばれる．$\boldsymbol{x}$ の第 i 成分 x_i は i 番目の送信アンテナから送出される信号を，$\boldsymbol{y}$ の第 i 成分 y_i は i 番目の受信アンテナで受信される信号をそれぞれ表す．行列 H は**通信路行列**と呼ばれ，第 ij 成分 h_{ij} は j 番目の送信アンテナから i 番目の受信アンテナまでの伝搬を特徴づけるフェージング係数である．通信路ノイズ $\boldsymbol{n}$ は $\boldsymbol{x}$ や H とは独立に平均 $\boldsymbol{0}$，共分散行列 $\sigma^2 I$ の多変量正規分布 $N(\boldsymbol{0}, \sigma^2 I)$ に従うものと仮定する（I は単位行列）．この通信路モデルを**ガウスベクトル通信路**と呼ぼう．

4.2 いくつかの応用

ガウスベクトル通信路の通信路容量を議論しよう．どういう前提で通信路容量を議論するか，ということについて，スカラー通信路の場合よりも込み入った注意が必要である．本章では，送信者は通信路行列 H について何も知らないものと仮定する[*1]．この場合，電力制約のもとでは，通信路容量を達成するには通信路入力を正規分布 $N(\mathbf{0}, PI)$ に従って発生させるべきであり，通信路容量は

$$C = \frac{1}{2} \log \det \left(I + \frac{P}{\sigma^2} HH^\mathrm{T} \right) \tag{4.7}$$

で与えられることが知られている．式 (4.7) はまた，行列 HH^T の固有値分布 ρ_{HH^T} を使って

$$C = \frac{1}{2} \int_0^\infty \log \left(1 + \frac{P}{\sigma^2} \lambda \right) \rho_{HH^\mathrm{T}}(\lambda)\, d\lambda \tag{4.8}$$

と書き表すことができる．通信路容量を求める問題は，こうして行列 HH^T の固有値分布 ρ_{HH^T} を求める問題に帰着させることができる．

スカラー通信路の場合と同様に，ガウスベクトル通信路に関してもフェーディングの影響を考慮することは応用上重要な問題である．今度は，通信路行列 H をランダム行列だとみなして，確率変数 $C = C(H)$ の性質を議論することになる．エルゴード容量を問題にする高速フェーディングの場合には，H のランダムさに関して $C(H)$ の期待値を評価すればよい．このとき必要なのは，平均固有値分布 $\mathbb{E}(\rho_{HH^\mathrm{T}})$ である．また，低速フェーディングの場合には，ρ_{HH^T} が H のランダムさを反映してどう揺らぐかの情報も必要になる．これらについての解析は一般には難しいが，通信路行列 H に適切な統計性を仮定し，行列のサイズが大きい極限を考察することによって，いくつもの有用な成果が得られている．この話題に関する概説は拙稿 [13] を，具体的な成果等の詳細については Tulino と Verdú によるモノグラフ [14] ならびに Couillet と Debbah による書籍 [15] をそれぞれ参照されたい．

[*1] 送信者が通信路行列を知っている場合，特定の送信アンテナに電力を集中させたり，複数の送信アンテナから相関をもたせた信号を送出したり，といった工夫で情報伝送効率を高めることが可能である．

4.2.2 ファイナンス
■ポートフォリオ理論

ランダム行列はファイナンスの分野でも注目されている．応用の具体例の一つを説明するために，本節ではまず，Markowitz[*1]の**ポートフォリオ理論** [16] の概略を説明する．M 個の銘柄からなる証券市場に投資をする状況を考えよう．銘柄 i の初期価格を 1 と規格化したときの投資期間終了時点での価格を X_i とおく．投資を行う時点では X_i の値はわからないから，これを確率変数として扱う．確率ベクトル $\boldsymbol{X} = (X_1, \ldots, X_M)^{\mathrm{T}}$ の平均は $\boldsymbol{m} = (m_1, \ldots, m_M)^{\mathrm{T}}$，共分散行列は $C = (C_{ij})$ であるものとする．銘柄 i に p_i ずつ投資するポートフォリオ $\boldsymbol{p} = (p_1, \ldots, p_M)^{\mathrm{T}}$ ($\boldsymbol{1}^{\mathrm{T}}\boldsymbol{p} = 1$ とする．ただし $\boldsymbol{1} = (1, \ldots, 1)^{\mathrm{T}}$) を考えると，ポートフォリオ $\boldsymbol{p}$ の投資期間終了時点での価値（収益）の平均（期待収益）$\bar{m}(\boldsymbol{p})$，分散 $\bar{\sigma}(\boldsymbol{p})^2$ はそれぞれ，

$$\bar{m}(\boldsymbol{p}) = \boldsymbol{p}^{\mathrm{T}}\boldsymbol{m}, \quad \bar{\sigma}(\boldsymbol{p})^2 = \boldsymbol{p}^{\mathrm{T}}C\boldsymbol{p} \tag{4.9}$$

で与えられる．投資家の立場からすると，収益の分散は投資リスクに対する一つの定量的な指標を与えているものとみなすことができる．

ポートフォリオ選択問題は，$\boldsymbol{p}$ をどう定めるべきかを問題にする．リスクを気にせず，単に期待収益 $\bar{m}$ を最大にしたいのであれば，m_i が最大であるような銘柄 i を選び，その銘柄に全資産を投資すればよい．しかしそのような投資戦略は，一般にはリスクが大きく受け入れがたい．ではどうすればよいか．

Markowitz のポートフォリオ理論の基礎をなすのは，分散投資によってリスクを小さくすることができる，という観察である．図 4.3 は，A, B, C 三つの銘柄（価格変動は独立であるものとした）でポートフォリオを組む状況を想定し，期待収益を縦軸，収益の分散を横軸として様々な $\boldsymbol{p}$ に対してその性能を図示したものである．図中の点 A, B, C は，それぞれの銘柄だけに集中して投資した場合の性能を表している．図から明らかなように，ポートフォリオをうまく組むことによって，収益の分散を個別銘柄の価格の分散よりも小さくすることができる．

いま，期待収益の目標値 $\hat{m}$ を個別銘柄の価格の最大値より小さい値に設定したものとしよう．期待収益が $\hat{m}$ に等しいようなポートフォリオは一般には

[*1] 1990 年にノーベル経済学賞を受賞．

4.2 ■ いくつかの応用

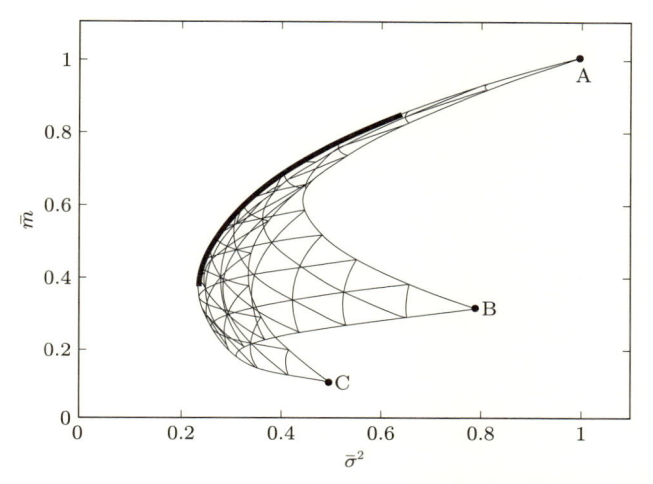

図 4.3　3 銘柄 (A, B, C) にもとづくポートフォリオの期待収益と分散との関係．太線は有効フロンティア．

たくさん存在するが，よほどの物好きでない限り，期待収益が同一ならリスク（分散）が大きいポートフォリオを選択する理由はない．同様に，許容リスクを設定したものとすると，リスクが同一なら何も好き好んで期待収益が小さいポートフォリオを選択する必要はない．要するに，投資家は図 4.3 の左上側が好きなのである．ポートフォリオによって実現可能な期待収益‒分散の組を図 4.3 のように示したとき，その左上側の包絡線（図 4.3 では太線で示した）は**有効フロンティア**と呼ばれ，投資家が選択すべき最適ポートフォリオはこの有効フロンティア上に存在する．

有効フロンティアを求めてみよう．制約条件 $\bar{m}(\boldsymbol{p}) = \hat{m}$, $\boldsymbol{1}^{\mathrm{T}}\boldsymbol{p} = 1$ のもとで分散 $\bar{\sigma}(\boldsymbol{p})^2$ を最小化する制約つき最小化問題を解くことによって，有効フロンティアを求めることができる．制約条件に対応するラグランジュ未定乗数を導入し，停留条件式

$$\frac{\partial [\bar{\sigma}(\boldsymbol{p})^2 - \lambda \bar{m}(\boldsymbol{p}) - \mu \boldsymbol{1}^{\mathrm{T}}\boldsymbol{p}]}{\partial p_i} = 0, \quad (i = 1, \ldots, M) \quad (4.10)$$

を解くと，最適ポートフォリオ $\boldsymbol{p}^*$ が以下のように得られる[*1]．

[*1] $\boldsymbol{p}^*$ のいくつかの要素が負の値をとる場合もありうるが，そのような場合にはそれらの銘柄については信用取引を行うものと考えることができる．信用取引を考えない場合には，不等式制約 $p_i \geq 0$ を課した上で最適化問題を解けばよい．

$$p^* = \frac{\lambda}{2}C^{-1}\left(m - \frac{\mathbf{1}^\mathrm{T}C^{-1}m}{\mathbf{1}^\mathrm{T}C^{-1}\mathbf{1}}\mathbf{1}\right) + \frac{1}{\mathbf{1}^\mathrm{T}C^{-1}\mathbf{1}}C^{-1}\mathbf{1} \tag{4.11}$$

ラグランジュ乗数 λ は，期待収益が $\hat{m}$ となるように定めるものとする．最適ポートフォリオ p^* による期待収益 $\bar{m}(p^*)$ と収益の分散 $\bar{\sigma}(p^*)^2$ との間には，関係

$$\begin{aligned}&\left(\bar{\sigma}(p^*)^2 - \frac{1}{\mathbf{1}^\mathrm{T}C^{-1}\mathbf{1}}\right)\left(m^\mathrm{T}C^{-1}m - \frac{(\mathbf{1}^\mathrm{T}C^{-1}m)^2}{\mathbf{1}^\mathrm{T}C^{-1}\mathbf{1}}\right)\\&= \left(\bar{m}(p^*) - \frac{\mathbf{1}^\mathrm{T}C^{-1}m}{\mathbf{1}^\mathrm{T}C^{-1}\mathbf{1}}\right)^2\end{aligned} \tag{4.12}$$

が成り立つことが示される．有効フロンティアは，この式で表される放物線上に位置する[*1]．

■共分散行列のゆらぎとランダム行列

ここまでに示したように，Markowitz のポートフォリオ理論は，個別銘柄の価格の平均 m および共分散行列 C が与えられているとしたときに，最適ポートフォリオを決定する枠組みを与えるものであった．しかしながら，この枠組みを実際の市場におけるポートフォリオ選択に適用しようとすると，いろいろな問題が生じる．そもそも，収益の分散がリスクの大きさを表している，という議論の前提からして，話を単純化しすぎているのではあるが，このあたりを議論し始めると際限がないので，本章ではこの点については不問に付すこととする．リスクの指標としての分散の妥当性を認めたとしてもなお，実際の市場では個別銘柄の価格の平均 m および共分散行列 C は当然既知ではないから，データにもとづいてこれらの量をそれなりの精度で推定しておく必要がある．これは通常はそれほど容易なことではない．なぜなら，共分散行列 C には $M(M+1)/2$ 個の独立な要素があり，推定に用いるデータの長さを T とすると，総計 MT 個のデータから $M(M+1)/2$ 個の要素の値を決定する必要があることになる．$q = M/T$ によりパラメータ q を導入すると，共分散行列 C を精度よく推定するには条件 $q \ll 1$ が満たされている必要がある．しかし，実際の市場において

[*1] 図 4.3 では，不等式制約 $p_i \geq 0$ を課した上で実現可能な期待収益，分散の組を図示している．このため，図の右上部分では有効フロンティアは式 (4.12) よりも下側に位置する．

4.2 ■ いくつかの応用

は，この条件を満足するのはそれほど容易ではないと考えられるからである[*1].

真の共分散行列を C, データから標本共分散行列を計算したものを C_s とおく．また，C_s にもとづいて求めた「最適」ポートフォリオを $\bm{p}_s^*$ と表記すると，ここでの問題は，C_s が C からずれていること，および $\bm{p}_s^*$ が C_s と統計的相関を有することから生じる．3種類の「分散」を定義しよう．

- C_s にもとづいて求めた「最適」ポートフォリオ $\bm{p}_s^*$ の分散を C_s にもとづいて推定したもの．

$$\sigma_{\mathrm{emp}}^2 = \bm{p}_s^{*\mathrm{T}} C_s \bm{p}_s^* \tag{4.13}$$

- 真の最適ポートフォリオの真の分散．

$$\sigma_{\mathrm{true}}^2 = \bm{p}^{*\mathrm{T}} C \bm{p}^* \tag{4.14}$$

- C_s にもとづいて求めた「最適」ポートフォリオ $\bm{p}_s^*$ の真の分散．

$$\sigma_{\mathrm{gen}}^2 = \bm{p}_s^{*\mathrm{T}} C \bm{p}_s^* \tag{4.15}$$

投資家にとって C は未知であり，したがって $\bm{p}^*$ や σ_{true}^2, σ_{gen}^2 といった値も，ポートフォリオ選択の時点では知ることができないことに注意しよう．投資家がポートフォリオ $\bm{p}_s^*$ を選択する際には，$\bm{p}_s^*$ によって得られる収益の分散は σ_{emp}^2 であると予期している．一方で，そのポートフォリオ $\bm{p}_s^*$ にもとづく収益の分散は，実際には σ_{gen}^2 である．M, T がそれなりに大きければ自己平均性の成立が期待でき，不等式

$$\sigma_{\mathrm{emp}}^2 \leq \sigma_{\mathrm{true}}^2 \leq \sigma_{\mathrm{gen}}^2 \tag{4.16}$$

が成り立つ[*2]．σ_{emp}^2 が真のリスク σ_{true}^2 に対して必ず過小評価となることに注意していただきたい．リスク回避のためには σ_{gen}^2 を小さくする必要があるが，σ_{emp}^2 を小さくしても σ_{gen}^2 は小さくなっていない可能性があり，とくに q がそれほど小さくない場合には，両者の相違はかなり大きくなることがわかってい

[*1] いわゆる「高頻度ティックデータ」[17] が簡易かつ即時に入手可能であればこの問題は回避可能であるかもしれないが，短い時間スケールの現象を議論しようとすれば同一の問題が生じる．

[*2] この関係式は，統計的学習理論において経験損失最小化の規準で学習を行う学習機械の経験損失，期待損失，および最適な学習機械の期待損失の間に成り立つ不等式（例えば [18] を見よ）と本質的に同じものである．

る．図 4.4 は，3 種の分散がそれぞれ q にどう依存するかを模式的に示したものである．真の共分散行列 C が単位行列である場合には，関係

$$\sigma_{\text{emp}}^2 = \sigma_{\text{true}}^2 \sqrt{1-q} = \sigma_{\text{gen}}^2 (1-q) \tag{4.17}$$

が成り立つことを示すことができる．極限 $q \to 0$ においてのみ 3 種の分散は互いに一致するが，このことは極限 $q \to 0$ においてはデータのばらつきによる影響が漸近的に消失することから理解できる．

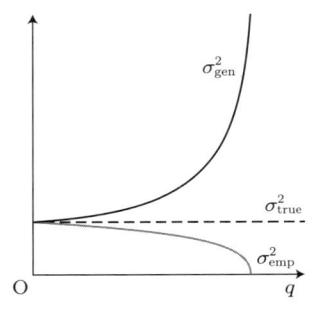

図 4.4 3 種の分散の q 依存性．

分散 σ_{emp}^2 を小さくするために，ポートフォリオ $\boldsymbol{p}_s^*$ は C_s の小さな固有値に対応する固有ベクトル方向を好む傾向をもつが，データ数が十分でないときには C_s の小さな固有値は統計的なばらつきの影響を強く受けている「にせ」の固有値であるため，それらを信用するのは危険である．Bouchaud と Potters [19] は，ランダム行列理論を用いてこれらの「にせ」の固有値の影響を除去するための標本共分散行列の「クリーニング」の手法を提案している．ランダム行列理論はここでは，データから意味のある構造を取り出すためのいわば「帰無仮説」を構成するために使われている．この種の話題についてのより詳しい解説は，例えば [20] を参照されたい．

4.2.3　統計的学習理論

ランダム行列はまた，**統計的学習理論**の分野にもときおり顔を出してくる．詳しい議論は第 5 章でなされているのでそちらをご参照いただくとして，本章では，最も平易な例として線形回帰の問題を取り上げて説明する．ここで取り扱う回帰の問題は，$\boldsymbol{x}_i \in \mathbb{R}^n$, $y_i \in \mathbb{R}$ として，p 個のデータ $D_p = \{(\boldsymbol{x}_1, y_1), \ldots, (\boldsymbol{x}_p, y_p)\}$

を線形回帰式 $y = \boldsymbol{w} \cdot \boldsymbol{x}$ によってうまく説明するような回帰係数ベクトル $\boldsymbol{w}$ を推定する問題 [21] である．損失関数として二乗誤差 $(1/2)(y - \boldsymbol{w} \cdot \boldsymbol{x})^2$ をとると，データ数 p で規格化した経験損失は

$$E(\boldsymbol{w}) = \frac{1}{2p} \sum_{i=1}^{p} (y_i - \boldsymbol{w} \cdot \boldsymbol{x}_i)^2 = \frac{1}{2p} |\boldsymbol{y} - X\boldsymbol{w}|^2 \tag{4.18}$$

となる．ただし，第 3 辺においては $\boldsymbol{y} = (y_1, \ldots, y_p)^{\mathrm{T}}$, $X = (\boldsymbol{x}_1, \ldots, \boldsymbol{x}_p)^{\mathrm{T}}$ とおいた．

経験損失 $E(\boldsymbol{w})$ を最小にするような回帰係数ベクトル $\boldsymbol{w}^* = \arg\min_{\boldsymbol{w}} E(\boldsymbol{w})$ を求めるものとしよう．式 (4.18) は $\boldsymbol{w}$ に関して 2 次式だから，$\boldsymbol{w}^*$ は正規方程式 $X^{\mathrm{T}}X\boldsymbol{w} = X^{\mathrm{T}}\boldsymbol{y}$ の解であることは直ちにわかるが，ここでは一般の非線形回帰の問題も念頭におきつつ，勾配降下型のアルゴリズムで逐次更新の形で $\boldsymbol{w}^*$ を求めるものとしよう．経験損失は $\boldsymbol{w}^*$ を使って

$$E(\boldsymbol{w}) = E(\boldsymbol{w}^*) + \frac{1}{2p}(\boldsymbol{w} - \boldsymbol{w}^*)^{\mathrm{T}} X^{\mathrm{T}} X (\boldsymbol{w} - \boldsymbol{w}^*) \tag{4.19}$$

と書き直すことができるので，勾配降下型アルゴリズムの振る舞いは $\boldsymbol{w}$ の初期値と係数行列 $(1/p)X^{\mathrm{T}}X$ の固有値，固有ベクトルによって記述できる．とくに，解 $\boldsymbol{w} = \boldsymbol{w}^*$ へ向けての緩和のスピードは，行列 $(1/p)X^{\mathrm{T}}X$ の最小固有値に支配される．ランダムデータに対する回帰の問題は，例えばこのようにしてランダム行列の固有値の問題に関連づけられるのである．統計的学習理論へのランダム行列のより進んだ応用としては，冗長なパラメトリゼーションをもつ線形回帰モデルの汎化誤差についての研究 [22], Wake-Sleep アルゴリズムの学習ダイナミクスの解析 [23] などをあげることができる．

4.3 基本的な結果

4.3.1 ウィグナーの半円則

情報学，工学の応用に際しては，ランダム行列の**漸近固有値分布**に関する結果がよく使われる．本書の他の章とも内容が一部重複するが，本節ではランダム行列の漸近固有値分布に関する基本的な結果について紹介する．

$N \times N$ の実対称ランダム行列 $A = (a_{ij})$ を，$\{a_{ij} \,|\, i \leq j\}$ を独立に平均ゼ

ロ,分散 $1/N$ の正規分布に従って定めることによって定義する.このようにして定義されるランダム行列を,ウィグナー型と呼ぼう.A は実対称行列だから,その N 個の固有値はすべて実数であるが,A のランダムさのために,それらの固有値が具体的にどういう値をとるかはランダムである.図 4.5 は,N が 10, 100, 1000 のそれぞれの場合について,ランダム行列 A (の実現値) を生成し,それらの固有値を数値的に計算して固有値分布を表すヒストグラムを描く,という作業を 4 回繰り返して得たものである.行列 A のランダムさの影響を受けて,これらのヒストグラムも A の実現値ごとに異なる形を示す.しかしながら,N が大きくなるにつれて,A のランダムさの影響が徐々に消失していく様子が観察される.A の固有値を $\lambda_1, \ldots, \lambda_N$ とし,A の経験固有値分布を

$$\rho_A(\lambda) = \frac{1}{N} \sum_{i=1}^{N} \delta(\lambda - \lambda_i) \tag{4.20}$$

で定義しよう.ここで取り上げている例については,以下の結果が知られている.

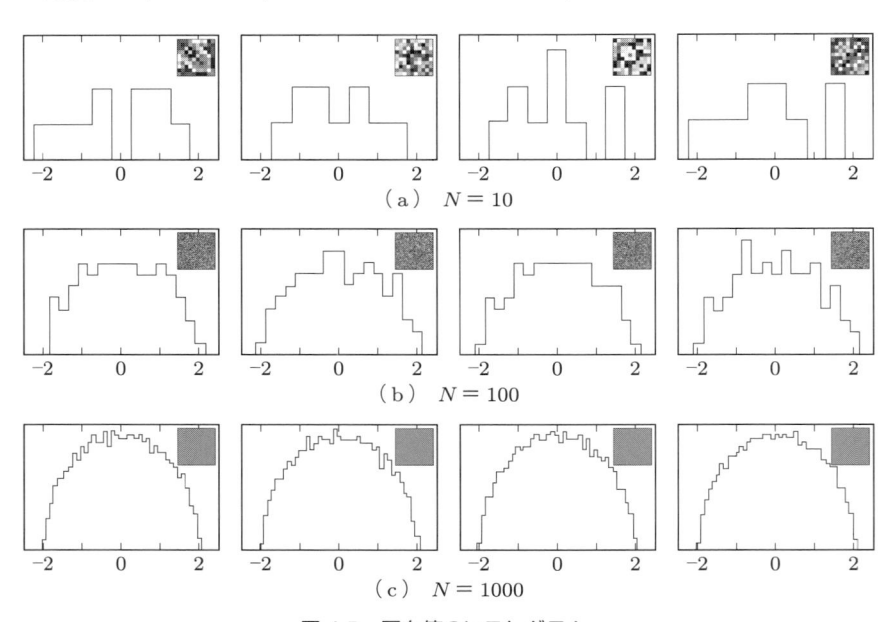

図 4.5 固有値のヒストグラム.

$$\lim_{N \to \infty} \rho_A(\lambda) = \begin{cases} \dfrac{\sqrt{4-\lambda^2}}{2\pi} & (|\lambda| \leq 2) \\ 0 & (それ以外) \end{cases} \quad (4.21)$$

すなわち，A の経験固有値分布は，極限 $N \to \infty$ で決定論的な分布に収束する[*1]．収束先の分布は，ランダム行列 A の漸近固有値分布と呼ばれる．$N = 6000$ の場合の経験固有値分布の数値例を図 4.6 に示す．確かに経験固有値分布が漸近固有値分布に近づいていることが見て取れる．

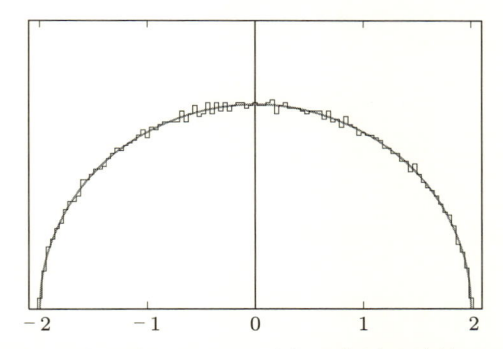

図 4.6 ウィグナーの半円則．$N = 6000$ として求めた固有値のヒストグラムと，式 (4.21) とを重ねて示した．

興味深いことに，$\{a_{ij}\}$ が別の分布に従って定められる場合にも，式 (4.21) の結果がそのまま成り立つのである．具体的には，$\{N^{1/2}a_{ij} \mid i \leq j\}$ が独立で平均ゼロ，分散 1 であり，さらにそれらの分布がリンデベルグ条件（中心極限定理に対する十分条件として知られる）を満足しさえすれば，式 (4.21) の結果が成り立つことがわかっている [24]．したがって，式 (4.21) の結果は，ランダム行列 A の要素がどういう分布に従っているかといった詳細によらず成り立つという意味である種の普遍性を有していると言うことができる．式 (4.21) の結果は，**ウィグナーの半円則**と呼ばれる．なお，式 (4.21) は「確率 1 の収束」の意味で成り立つことが，Girko [24] によって示されている（収束の速さについての議論は [25] 等を参照のこと）．また，A を複素エルミートランダム行列とした場合にも，同様の結果が成り立つことが知られている．

[*1] ここでいう「収束」が何を意味するかは，第 1 章を参照されたし．また，A の経験固有値分布 $\rho_A(\lambda)$ そのものではなく，$\rho_A(\lambda)$ の A に関する期待値が極限 $N \to \infty$ で式 (4.21) に収束することについては，第 2 章で議論されている．

ランダム行列 A の独立な要素が正規分布 $N(0, 1/N)$ に従う場合（正確には，第1章ならびに第2章で議論されているいわゆる「ガウス型アンサンブル」[1,9] の場合）については，解析的に詳細な取り扱いが可能であるため深く研究がなされており，精緻な結果が数多く得られている．例えば，任意の N に対して N 個の固有値の結合確率分布が明示的に与えられている．また，A の最大固有値を $\lambda_{\max}$ とおくと，

$$\lim_{N\to\infty} \lambda_{\max} = 2 \tag{4.22}$$

であることがわかっており，さらに N が十分大きいとき

$$\lambda_{\max} = 2 + O(N^{-2/3}) \tag{4.23}$$

というスケーリングに従う [26,27] ことなども知られている．

4.3.2 マルチェンコ－パスツール則

情報学，工学分野でのランダム行列の応用では，各要素が独立な $p \times N$ ランダム行列 Ξ によって $A = \Xi^{\mathrm{T}}\Xi$ として定義されるランダム行列 A の固有値分布が問題になることの方がむしろ多い[*1]．このタイプのランダム行列を標本共分散型と呼ぶことにしよう．実際，4.2節で紹介した事例はいずれも，標本共分散型のランダム行列に関するものであった．本節では，標本共分散型のランダム行列についての基本的な結果を紹介する．

$p \times N$ の実ランダム行列 $\Xi = (\xi_{\mu i})$ の各要素を独立に平均ゼロ，分散 $1/N$ の正規分布に従って定めるものとする．$A = \Xi^{\mathrm{T}}\Xi$ によって定義される A は 4.1.1項で述べたウィシャート分布に従う実対称ランダム行列となるが，前節で述べたウィグナー型の場合とは異なり A の各要素は独立ではないため，固有値分布などの性質も違ってくると考えられる．例えば，$A = \Xi^{\mathrm{T}}\Xi$ は非負定値であるから，その固有値はすべて非負であることは直ちにわかる．また，$p < N$ である場合には行列 A の階数は p であるから，ランダム行列 Ξ の実現値によらず A が $(N - p)$ 個のゼロ固有値をもつこともすぐにわかる．

これらの自明なゼロ固有値を除いた残りの固有値は Ξ のランダムさを反映し

[*1] ただし，このタイプのランダム行列に関する Marčenko と Pastur [28] の初期の研究は，情報学，工学の立場からのものではなく，Wigner と同様に数理物理学的な動機にもとづくものであった．

4.3 ■ 基本的な結果

てランダムな値をとるが，前節と同様に行列のサイズを十分大きくしていくと Ξ のランダムさの影響が消失し，極限においては経験固有値分布はやはりある決定論的な分布に収束することが知られている．ただし，標本共分散型行列の場合に意味のある極限を議論するには，Ξ の縦横サイズの比 $\alpha = p/N$ を有限に保ちつつ極限 $N \to \infty$ をとる必要がある．漸近固有値分布は，**マルチェンコ–パスツール則** [28] と呼ばれる以下の式で与えられる[*1]．

$$\lim_{N\to\infty} \rho_{\Xi^\mathsf{T}\Xi}(\lambda) = \begin{cases} \dfrac{\sqrt{4\alpha - (\lambda - 1 - \alpha)^2}}{2\pi\lambda}\chi_\alpha(\lambda) & (\alpha \geq 1) \\ (1-\alpha)\delta(\lambda) + \dfrac{\sqrt{4\alpha - (\lambda - 1 - \alpha)^2}}{2\pi\lambda}\chi_\alpha(\lambda) & (0 < \alpha < 1) \end{cases} \quad (4.24)$$

ただし，

$$\chi_\alpha(\lambda) = \begin{cases} 1 & (\lambda \in [(1-\sqrt{\alpha})^2, (1+\sqrt{\alpha})^2]) \\ 0 & (それ以外) \end{cases} \quad (4.25)$$

は区間 $[(1-\sqrt{\alpha})^2, (1+\sqrt{\alpha})^2]$ の定義関数である．いくつかの α の値に対する $\rho_{\Xi^\mathsf{T}\Xi}(\lambda)$ の概形を図 4.7 に示す．

ウィグナーの半円則と同様に，マルチェンコ–パスツール則もランダム行列 Ξ の各要素が従う確率分布の詳細によらない普遍性を有する．具体的には，$\{N^{1/2}\xi_{\mu i}\}$ が独立に共通の平均をもち分散が 1 である分布に従えば，漸近固有値分布についてマルチェンコ–パスツール則が成立する．マルチェンコ–パスツール則についても，極限 $N \to \infty$ における収束の様子などについてウィグナーの半円則と同様の詳細な検討がなされている（例えば [30, 31]）．また，$\{\xi_{\mu i}\}$ が独立に平均ゼロの正規分布に従う場合は数理物理学の分野では「カイラルガウス型アンサンブル」と呼ばれ，多くの精密な結果が得られている．これらの結果を含めて，標本共分散型のランダム行列に関しては，例えば [32] などで詳細な議論がなされている．なお，マルチェンコ–パスツール則の応用については，第 5 章も参照していただきたい．

[*1] Marčenko–Pastur の報告から少し遅れた 1969 年に，Stein（「Stein のパラドックス」「Stein の補題」等の業績で知られる）もマルチェンコ–パスツール則と同じ結果を彼らとは独立に得ていることが，[29] で報告されている．

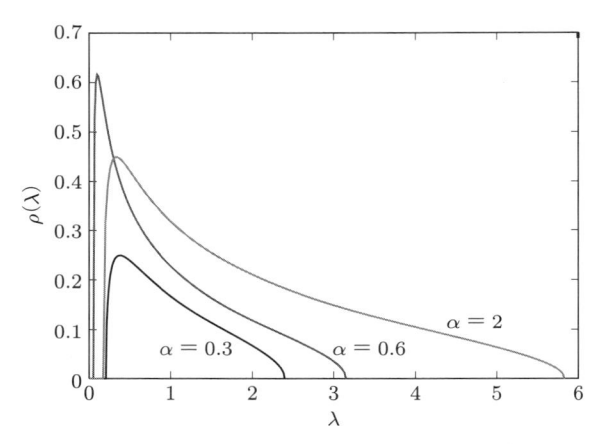

図 4.7 マルチェンコ−パスツール則. $\alpha = 0.3, 0.6, 2$ の場合について示した. 自明なゼロ固有値に対応する部分は省略している.

4.3.3 その他の結果

これまでに紹介した結果は，いずれも実対称ランダム行列に関するものであった．この場合，固有値はすべて実数となる．では，$N \times N$ 行列の N^2 個の要素をすべて独立にランダムに決定するようなランダム行列を考えた場合，漸近固有値分布はどのようになるだろうか．

具体的に議論しよう．$\{N^{1/2}a_{ij}\}$ を平均ゼロ，分散 1 の独立な確率変数とする．ランダム行列 A を $A = (a_{ij})$ によって定義する．極限 $N \to \infty$ において A の漸近固有値分布はどうなるか．これがここでの問題である．A はほぼ間違いなく対称行列ではないから，その固有値は一般にはもちろん複素数の範囲で考える必要がある．解答を示すよりも先に，数値例を見ていただいた方がよいであろう．図 4.8 は，$N = 6000$ の場合について数値的に固有値を求め，得られた 6000 個の固有値を複素平面にプロットしたものである．6000 個の固有値が，複素平面において原点を中心とする単位円内に一様に分布していることが見て取れる．実際，この場合の漸近固有値分布は単位円内の一様分布であることがわかっている [24, 33, 35]．この結果は「円則」などと呼ばれる．行列の対称性の制約がないことによって，実対称ランダム行列や複素エルミートランダム行列の場合と異なり，行列の微小な摂動に対して固有値が大きく変化するという不安定性の問題が生じる．そのため，解析には ウィグナー型の場合とは異なる新しい道具立てが必要となり，それに対応して「円則」についても長い研

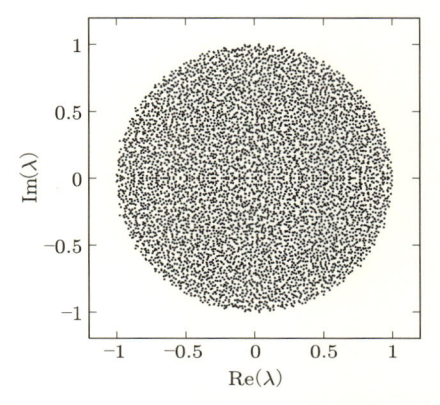

図 4.8　円則. 6000 × 6000 のランダム行列の固有値を数値的に求めたものを示している.

究の歴史がある [34]．「円則」は複素ランダム行列についても成り立つことがわかっている．また，実ランダム行列に対しては，N 個の固有値のうち実固有値の個数の期待値は $O(\sqrt{N})$ であること [36] なども知られている．さらに，ウィグナーの半円則と上記の「円則」とをある意味で関連づける，両者を 1 パラメータでつなぐ「楕円則」に関する議論が [37] などでなされている．これらの話題については，第 2 章も参照していただきたい．

「円則」に関連して，以下のような拡張も知られている．行列要素がすべて独立な $N \times N$ ランダム行列を m 個独立に，それぞれを上述のように作成し，それらを $A_1, \ldots, A_m$ とおく．これらの行列の積 $A_1 \cdots A_m$ の漸近固有値分布は，複素平面の単位円内で原点からの距離 $|\lambda|$ の冪 $|\lambda|^{-2+2/m}$ に比例する分布であることがわかっている [38]．またこの分布は $(A_1)^m$ の漸近固有値分布と等しいことも知られている [39, 40]．この結果は，漸近固有値分布に関するある種の自己平均性を示している点で興味深い．

ウィグナーの半円則やマルチェンコ–パスツール則，さらに上述の円則などはいずれも，行列要素が従う分布の詳細に依存しない普遍的な法則であることを説明した．普遍性の外へ出る一つの方向は，**疎なランダム行列**を考えることである．疎なランダム行列に対する漸近固有値分布は，実際にウィグナーの半円則等からずれてくる，などの結果が得られている [41–46]．漸近固有値分布の解析的な表式が知られている数少ない例として，行/列重みが一定な実対称ランダム行列で，ゼロでない値をとる行列要素が ±1 のいずれかの値をとる場

合（Kesten–McKay 分布 [47,48]），行重み，列重みがそれぞれ一定な実長方ランダム行列 Ξ でゼロでない値をとる行列要素が ±1 のいずれかの値をとるものから，$A = \Xi^\mathrm{T}\Xi$ によって構成される疎な標本共分散型ランダム行列の場合（Godsil–Mohar 分布 [49]）があげられる．また，複雑ネットワークの文脈では，いわゆるスモールワールド性やスケールフリー性などの性質を有する疎なランダムグラフが盛んに研究されているが，そのようなグラフから定義されるランダム行列の漸近固有値分布の議論 [50,51] などもなされており，Erdös–Renyi 型の疎なランダムグラフに対する結果とは異なる結果が得られている．これらの事例に見られるように，疎なランダム行列の漸近固有値分布に関しては，密なランダム行列の場合のような普遍性は影を潜め，多様性のある世界が広がっていると言えそうである．いま一つの方向は，分散が有限でないような分布から行列要素を生成してランダム行列を構成することである．この場合，ウィグナーの半円則などとは異なり，漸近固有値分布は有限の範囲に収まらなくなることなどがわかっている [52]．

4.4　最近の展開から：自由確率論

　ランダム行列理論に関する最近の展開のなかで特筆すべきものは，**自由確率論** [54-59] であろう．自由確率論は**非可換確率変数**に対する確率論であり，ランダム行列は非可換確率変数の一つの近似的表現を与えているとみなせることにより，自由確率論とランダム行列理論とは密接な関連をもつことになる．応用サイドからの自由確率論の重要性は，自由確率論で定式化された種々の概念により，様々なランダム行列に対して系統的にそれらの漸近固有値分布を議論することができるようになったことにあると言ってよいであろう．自由確率論の全貌を紹介するのは著者の能力をはるかに超えているので上記の文献等を参考にしていただくこととし，本節では，自由確率論のほんのさわりの部分と，自由確率論がランダム行列の漸近固有値分布の評価にどう役立つか，という問題とについて解説する．

■非可換確率空間

　「標本空間 Ω とその σ-加法族 $\mathcal{F}$，$\mathcal{F}$ 上の完全加法的な非負値集合関数 P の三つ組 $(\Omega, \mathcal{F}, P)$ によって確率空間が定義される．」などというのが，Kolmogorov

4.4 ■ 最近の展開から：自由確率論

が20世紀前半に確立した測度論的確率論の正統派スタイルであるが，このような流儀と比較すると，自由確率論の特徴は，「確率変数」という概念の「オブジェクト指向」的な再定式化にあると言えるかもしれない．a を確率変数とする．「オブジェクト」としての確率変数 a に最低限備わっていてほしい「機能」は何か．せめて a に期待値を問い合わせたら答 $\varphi(a)$ が返ってきてほしい．この「期待値オペレータ」φ は線形であってほしい：$\mathcal{A}$ を確率変数の「クラス」すなわち確率変数全体の集合としたとき，φ は $\mathcal{A}$ 上の線形演算子であってほしい，というわけである．また，高次モーメントなんかも議論したいから，$\mathcal{A}$ には加法だけでなく乗法や「定数倍」なども定義されていなくては困る．したがって $\mathcal{A}$ は多元環（代数）でなくてはならない．さらに，「1の期待値は1」でないと気持ち悪いので，$\mathcal{A}$ は乗法の単位元 $\mathbf{1}$ をもち（単位的多元環），$\varphi(\mathbf{1}) = 1$ である必要がある．などなど．

自由確率論では，確率空間を二つ組 $(\mathcal{A}, \varphi)$ によって定義する．$\mathcal{A}$ は単位元 $\mathbf{1}$ を含む $*$環（対合──行列で言えば共役転置に相当する単項演算──が定義されている複素数上の単位的多元環），「期待値オペレータ」φ は $\mathcal{A}$ 上の（複素数に値をとる）線形演算子で $\varphi(\mathbf{1}) = 1$, $\varphi(a^*) = \overline{\varphi(a)}$（実確率変数の期待値は実数），$\varphi(a^*a) \geq 0$（非負値確率変数の期待値は非負）を満たすものとする．$\mathcal{A}$ として C^*-環をとると，任意の自己共役な確率変数 $a \in \mathcal{A}$, $a^* = a$, に対してその確率分布がモーメント系列を介して一意に定まることが示される．ここまではまあよい．自由確率論が本領を発揮するのはここから先である．自己共役な二つの確率変数 $a, b \in \mathcal{A}$, $a^* = a$, $b^* = b$, に対して，通常の意味での結合確率分布は一般にはもはや存在しない．これは，$\mathcal{A}$ として非可換な環を許しているので，a, b が一般には可換 $ab = ba$ でないことによる．自由確率論で定義される確率空間 $(\mathcal{A}, \varphi)$ は，**非可換確率空間**と呼ばれる．

■ 自由独立性

確率変数の非可換性は，複数の確率変数間の「独立性」の概念に本質的な変更を迫ることになる．通常の確率論では，確率変数 $X_1, \ldots, X_n$ が独立であるとは，それらに対する結合確率分布 $P_{X_1, \ldots, X_n}$ が個々の確率変数に対する確率分布 P_{X_i} の積に等しいことであるという形で定義される．この定義にもとづいて例えば，確率変数 $X_1, \ldots, X_n$ が独立であるとき，任意の多項式 $f_1(x), \ldots, f_n(x)$ に対して

$$\mathbb{E}_{X_1,\ldots,X_n}[(f_1(X_1) - \mathbb{E}_{X_1}(f_1(X_1))) \cdots (f_n(X_n) - \mathbb{E}_{X_n}(f_n(X_n)))]$$
$$= \mathbb{E}_{X_1}[f_1(X_1) - \mathbb{E}_{X_1}(f_1(X_1))] \cdots \mathbb{E}_{X_n}[f_n(X_n) - \mathbb{E}_{X_n}(f_n(X_n))] = 0 \tag{4.26}$$

が成り立つことなどが示される．一方，自由確率論では，通常の意味での結合確率分布が一般には存在しないので，上記のような定義を採用することができない．自由確率論において，通常の「独立性」に対応する概念は「**自由独立性**」と呼ばれ，以下のように定義される：$a_1, \ldots, a_n \in \mathcal{A}$ が自由独立であるとは，同一の値が連続しない任意の添字列 $i_1, \ldots, i_k \in \{1, \ldots, n\}$ および任意の多項式 $f_1(x), \ldots, f_k(x)$ に対して，

$$\varphi[(f_1(a_{i_1}) - \varphi(f_1(a_{i_1}))\mathbf{1}) \cdots (f_k(a_{i_k}) - \varphi(f_k(a_{i_k}))\mathbf{1})] = 0 \tag{4.27}$$

が成り立つこととする．通常の確率論では結合確率分布にもとづいて「独立性」を定義し，その定義から式 (4.26) の性質が演繹されるのに対して，自由確率論ではいわば逆に，式 (4.27) のように結合モーメントにもとづいて「自由独立性」を定義するというわけである．

上述の定義に従って，いくつかの例によって通常の確率論における「独立性」との異同を見てみよう．$a, b \in \mathcal{A}$ が互いに自由独立であるとき，例えば以下のような式変形ができる．

$$0 = \varphi((a - \varphi(a)\mathbf{1})(b - \varphi(b)\mathbf{1}))$$
$$= \varphi(a(b - \varphi(b)\mathbf{1})) - \varphi(a)\varphi(b - \varphi(b)\mathbf{1}) = \varphi(a(b - \varphi(b)\mathbf{1})) \tag{4.28}$$

最後の表現を展開することにより，等式

$$\varphi(ab) = \varphi(a)\varphi(b) \tag{4.29}$$

が得られる．a を a^2 で置き換えるなどしても同様の式変形ができるから，等式

$$\varphi(a^2 b) = \varphi(a^2)\varphi(b) \tag{4.30}$$
$$\varphi(a^2 b^2) = \varphi(a^2)\varphi(b^2) \tag{4.31}$$

が示される．また，

$$0 = \varphi((a - \varphi(a)\mathbf{1})(b - \varphi(b)\mathbf{1})(a - \varphi(a)\mathbf{1}))$$

$$= \varphi(a(b - \varphi(b)\mathbf{1})(a - \varphi(a)\mathbf{1})) - \varphi(a)\varphi((b - \varphi(b)\mathbf{1})(a - \varphi(a)\mathbf{1}))$$
$$= \varphi(a(b - \varphi(b)\mathbf{1})(a - \varphi(a)\mathbf{1})) = \varphi(a(b - \varphi(b)\mathbf{1})a) \quad (4.32)$$

である（第 4 辺を得るために a, b の自由独立性から第 3 辺第 2 項がゼロに等しいこと，および最右辺の表式を得るために式 (4.28) をそれぞれ使った）から，最後の表現を展開することにより，等式

$$\varphi(aba) = \varphi(a^2)\varphi(b) \quad (4.33)$$

が導かれる．さらに b を b^2 で置き換えて同様の議論をすることにより，

$$\varphi(ab^2a) = \varphi(a^2)\varphi(b^2) \quad (4.34)$$

が得られる．

ここまでに得られた等式 (4.29)〜(4.31), (4.33), (4.34) はいずれも，通常の確率論における「独立性」から得られるものと同じ形をしている．非可換性がその本性を現すのはここから先である．以下のような式変形を考えよう．

$$\begin{aligned}
0 &= \varphi((a - \varphi(a)\mathbf{1})(b - \varphi(b)\mathbf{1})(a - \varphi(a)\mathbf{1})(b - \varphi(b)\mathbf{1})) \\
&= \varphi(a(b - \varphi(b)\mathbf{1})(a - \varphi(a)\mathbf{1})(b - \varphi(b)\mathbf{1})) \\
&\quad - \varphi(a)\varphi((b - \varphi(b)\mathbf{1})(a - \varphi(a)\mathbf{1})(b - \varphi(b)\mathbf{1})) \\
&= \varphi(a(b - \varphi(b)\mathbf{1})(a - \varphi(a)\mathbf{1})b) - \varphi(b)\varphi(a(b - \varphi(b)\mathbf{1})(a - \varphi(a)\mathbf{1})) \\
&= \varphi(ab(a - \varphi(a)\mathbf{1})b) - \varphi(b)\varphi(a(a - \varphi(a)\mathbf{1})b) \\
&= \varphi(abab) - \varphi(a)\varphi(ab^2) - \varphi(b)\varphi(a^2b) + \varphi(a)\varphi(b)\varphi(ab) \quad (4.35)
\end{aligned}$$

ここから等式

$$\varphi(abab) = \varphi(a)^2\varphi(b^2) + \varphi(a^2)\varphi(b)^2 - \varphi(a)^2\varphi(b)^2 \quad (4.36)$$

が得られる．式 (4.36) は通常の「独立性」のもとで成り立つ関係式とはまったく異なる形をしている．何よりも，式 (4.34) と式 (4.36) との比較から，一般には $\varphi(abab) \neq \varphi(ab^2a)$ であることに注意されたい．a, b が非可換だから，こういうことが起こるのである．もし a, b が可換であれば両者は等しいが，この場合はこの場合で意外な結果が導かれる．式 (4.34) から式 (4.36) を減じると

$$\varphi((a - \varphi(a)\mathbf{1})^2)\,\varphi((b - \varphi(b)\mathbf{1})^2) = 0 \quad (4.37)$$

が導かれるので，a か b のいずれかは分散がゼロ，すなわち「確率1」で定数でなくてはならなくなるのである．このように，自由独立性は通常の独立性と類似している側面はあるものの，本質的に非可換性と関連している概念なのである．

■ 自由中心極限定理

通常の中心極限定理は，$a_1, a_2, \ldots$ を平均0，分散1の独立同分布な確率変数の列としたとき，

$$\frac{1}{\sqrt{n}} \sum_{i=1}^{n} a_i \tag{4.38}$$

の分布が極限 $n \to \infty$ において標準正規分布 $N(0,1)$ に漸近する，というものであった．自由確率論においても，類似の「中心極限定理」が成立し，**自由中心極限定理**と呼ばれる：通常の中心極限定理で仮定している「独立性」を「自由独立性」に置き換えると，式 (4.38) が従う極限分布は ウィグナーの半円則 (4.21) になる．この事実から，ウィグナーの半円則は「自由」正規分布とみなすこともできる．

「少数の法則」にも，その自由確率論における対応物が知られている．成功確率が λ/n である n 個の独立なベルヌーイ確率変数の和が極限 $n \to \infty$ で平均 λ のポアソン分布に従う，というのが少数の法則であるが，ここでも「独立性」の仮定を「自由独立性」に置き換えることによって，**自由少数の法則**とでも言うべき定理が得られる．この場合の極限分布はマルチェンコ–パスツール則 (4.24) である．したがって，マルチェンコ–パスツール則は「自由」ポアソン分布であるということもできる．

■ ランダム行列との関連づけ

自由確率論とランダム行列とは，どう関係づけられるのだろうか．$N \times N$ ランダム行列 A に対して「期待値」を

$$\varphi(A) = \mathbb{E}\left[N^{-1} \operatorname{tr}(A)\right] \tag{4.39}$$

によって定義すると，$N \times N$ ランダム行列を確率変数とする非可換確率空間を定義することができる．自由独立性については，多くの基本的なランダム行列

4.4 ■ 最近の展開から：自由確率論

について，極限 $N \to \infty$ において示すことができる（**漸近的自由独立性**と呼ばれる）ので，

$$\varphi(A) = \mathbb{E}\left[\int \lambda \, \rho_A(\lambda) \, d\lambda\right] \tag{4.40}$$

であることに注意すると，自由確率論を使って様々なランダム行列の漸近固有値分布が議論できるというわけである．

■ *R*-変換

ランダム行列 A, B の固有値がそれぞれわかっているものとして，$A + B$ の固有値を知りたいものとしよう．一般にはこれは無理な相談である．A, B の固有値がわかっていたとしても，$A + B$ の固有値についてわかることは一般には限られている．しかし，ランダム行列 A, B が互いに漸近的自由独立である場合には，A, B の漸近固有値分布 ρ_A, ρ_B から $A + B$ の漸近固有値分布 ρ_{A+B} を求めることが可能なのである．以下の定理 [60] が成り立つ．

> ■ **定理 4.1** ランダム行列 $A, B, A+B$ の漸近固有値分布 $\rho_A, \rho_B, \rho_{A+B}$ の「*R*-変換」をそれぞれ $R_A(z), R_B(z), R_{A+B}(z)$ とおく．A, B が互いに漸近的自由独立であれば，
>
> $$R_{A+B}(z) = R_A(z) + R_B(z) \tag{4.41}$$
>
> が成り立つ．

「***R*-変換**」は，通常の確率論におけるキュムラント母関数の自由確率論における対応物である．一般に，確率密度関数 $\rho(\lambda)$ の *R*-変換 $R(z)$ は

$$\mathcal{C}\left(R(z) + \frac{1}{z}\right) = z \tag{4.42}$$

によって定義される．ここで $\mathcal{C}(\cdot)$ は ρ の**コーシー変換**[*1]と呼ばれる積分変換

$$\mathcal{C}(z) = \int \frac{\rho(\lambda)}{z - \lambda} \, d\lambda \tag{4.43}$$

[*1] スティルチェス変換と呼ばれることもある．第 1 章も参照．

である．R-変換の冪級数展開

$$R(z) = \sum_{k=1}^{\infty} \kappa_k z^{k-1} \tag{4.44}$$

の係数 κ_k は**自由キュムラント**と呼ばれる．コーシー変換の形式的な級数展開

$$\mathcal{C}(z) = \sum_{k=0}^{\infty} \frac{m_k}{z^{k+1}}, \quad m_k = \int \lambda^k \rho(\lambda) d\lambda \tag{4.45}$$

と R-変換の定義 (4.42) とから，自由キュムラントは ρ のモーメントにより

$$\begin{aligned}
&\kappa_1 = m_1, \quad \kappa_2 = m_2 - m_1^2, \quad \kappa_3 = m_3 - 3m_2 m_1 + 2m_1^3, \\
&\kappa_4 = m_4 - 4m_3 m_1 - 2m_2^2 + 10 m_2 m_1^2 - 5 m_1^4
\end{aligned} \tag{4.46}$$

などと表されることがわかる．κ_1, κ_2 はそれぞれ ρ の平均，分散に一致しており，κ_3 までは通常のキュムラントと同じであるが，κ_4 以降は通常のキュムラントと異なっている．

ランダム行列 A に対する R-変換を $R_A(z)$ とおくと，$c, d \in \mathbb{C}$ に対し，$R_{cA}(z) = c R_A(cz)$, $R_{A+dI}(z) = R_A(z) + d$ が成り立つ．A の自由キュムラントを $\kappa_k(A)$ と表記すると，

$$R_{A/n^{1/2}}(z) = \sum_{k=1}^{\infty} \frac{\kappa_k(A)}{n^{k/2}} z^{k-1} \tag{4.47}$$

が導かれるが，このことと定理 4.1 とから平均ゼロの独立同分布かつ漸近自由独立なランダム行列 $A_1, \ldots, A_n$ に対し，

$$M_n = \frac{1}{\sqrt{n}} \sum_{i=1}^{n} A_i \tag{4.48}$$

の R-変換が

$$R_{M_n}(z) = \sum_{k=2}^{\infty} \frac{\kappa_k(A_1)}{n^{k/2-1}} z^{k-1} \tag{4.49}$$

となることが示される．$\kappa_2(A_1) = 1$ であれば，右辺は極限 $n \to \infty$ でウィグ

ナーの半円則 (4.21) の R-変換 $R(z) = z$ に収束するが，この結果は自由中心極限定理の主張に対応している．

なお，詳細は省略するが，互いに漸近的自由独立なランダム行列 A, B に対して，積 AB の漸近固有値分布 ρ_{AB} も ρ_A, ρ_B から得られることがわかっている．具体的には，ρ_A, ρ_B の「S-変換」の積が，ρ_{AB} の「S-変換」に等しくなる，という形の定理 [61] が成り立つ．この意味で，「S-変換」は通常の確率論におけるメリン変換の自由確率論における対応物であるということができる．

定理 4.1 を使うと，漸近的自由独立性を手がかりにして，様々なランダム行列の漸近固有値分布を系統的に求めていくことができる．漸近的自由独立性が示されている具体例（正確な条件等についてはここには記していないので留意されたい）を [14] からいくつか抜粋し以下に列挙する．

- 任意のランダム行列と単位行列とは漸近的自由独立．
- 独立な複素エルミートウィグナー型ランダム行列（独立な各要素は正規分布に従う）は漸近的自由独立．
- 独立な複素エルミートウィグナー型ランダム行列と決定論的な対角行列とは漸近的自由独立．
- $h_i, i = 1, \ldots, p$ を，各要素が独立同分布（分散 $1/N$）である独立な N 次元複素確率ベクトルとしたとき，$h_1 h_1^*, h_2 h_2^*, \ldots, h_p h_p^*$ は漸近的自由独立（$*$ は共役転置）．
- 複素エルミートランダム行列 A, B の漸近固有値分布のサポートがともにコンパクトであり，U を A, B と独立なハール測度に従うユニタリランダム行列であるとき，UAU^* と B とは漸近的自由独立．

以上から，例えば Λ_0 を $N \times N$ の非負定値ランダム対角行列，T を $p \times p$ の正定値ランダム行列，Ξ を $N \times p$ のランダム行列でその要素が平均ゼロ，分散 $1/N$ の同一分布に独立に従うものとしたとき，ランダム行列 $A = \Lambda_0 + \Xi T \Xi^*$ の漸近固有値分布を Λ_0 と T との漸近固有値分布とから計算する，なんてことができてしまうというわけである．このようにして，漸近固有値分布が既知であるランダム行列から新たに構成されるランダム行列の漸近固有値分布を求めていくことができる．無線通信の問題への応用を念頭に置いたこの種の話題の詳細については，[14,15] などで詳しい議論がなされている．また，$\{h_1 h_1^*, h_2 h_2^*, \ldots, h_p h_p^*\}$ の漸近的自由独立性からは マルチェンコ–パスツール則を導くことができるが，

この導出の概略は例えば [13,14,56] などに述べられている．

4.5 文献と補遺 —— むすびに代えて

　近年になって，ランダム行列に関する書籍が多数出版されており，ランダム行列の理論ならびにその応用についての関心の高まりを窺うことができる．Tao による教科書 [34] では，確率論と線形代数の基礎的事項に始まり，測度集中や中心極限定理の議論を経て，ランダム行列の最新の諸成果に至るまでがコンパクトに解説されており，多くの演習問題が配されていることと併せて面白く読める本である．Bai と Silverstein による本 [32] は，2006 年に初版が出版されたものの第 2 版であり，ランダム行列の応用の広がりに呼応して無線通信とファイナンスへの応用に関する章が新たに追加されたのが目を引く．無線通信への応用に関する近年の展開については，[15] に詳しい．Guionnet による講義録 [62] は，大偏差的な議論や自由確率論におけるエントロピーなどについての議論に重点を置いている．Anderson, Guionnet, Zeitouni による教科書 [63] は，ランダム行列のガウス型アンサンブルを取り上げ，固有値分布の局所的な性質をおもに議論している．

　ランダム行列のガウス型アンサンブルは，行列要素が基本的な対称性を除いて独立であり，かつ行列が従う分布が直交変換やユニタリー変換などに対して不変であるという性質をもつ．本章でも述べたように，ウィグナーの半円則やマルチェンコ–パスツール則などは，行列要素の独立性が成り立てば，行列要素が従う分布が正規分布でない場合でも多様な分布に対して成立するが，逆に直交/ユニタリー不変性を保持して行列要素の独立性を要請しなかったならば，どのような議論となるだろうか．このような観点からの研究として主要なものに「行列模型」がある．Pastur と Shcherbina による著書 [64] は，行列模型に関する近年の成果を詳しく取り上げている．

　2011 年に出版されたランダム行列理論に関するハンドブック [65] は，理論から応用までの幅広い話題にわたる 43 章から構成されており，今日におけるランダム行列の広がりを俯瞰することができる．

▰ 第 4 章の関連図書 ▰

[1] 永尾太郎:「ランダム行列の基礎」,東京大学出版会 (2005)

[2] 特集 ランダム行列の広がり——その多彩な応用, 数理科学, サイエンス社, 2007 年 2 月.

[3] R. A. Fisher, "Frequency distribution of the values of the correlation coefficient in samples from an indefinitely large population," *Biometrika*, vol. 10, no. 4, pp. 507–521, May, 1915.

[4] J. Wishart, "The generalised product moment distribution in samples from a normal multivariate population," *Biometrika*, vol. 20A, nos. 1/2, pp. 32–52, Jul., 1928.

[5] T. W. Anderson: *An Introduction to Multivariate Statistical Analysis*, Second edition, John Wiley & Sons (1958, 1984)

[6] R. J. Muirhead: *Aspects of Multivariate Statistical Theory*, John Wiley & Sons (1982)

[7] E. P. Wigner, "Characteristic vectors of bordered matrices with infinite dimensions," *Annals of Mathematics*, vol. 62, no. 2, pp. 548–564, Mar., 1955.

[8] E. P. Wigner, "On the distribution of the roots of certain symmetric matrices," *Annals of Mathematics*, vol. 67, no. 2, pp. 325–327, Mar., 1957.

[9] M. L. Mehta: *Random Matrices*, Third edition, Elsevier (1967, 1990, 2004)

[10] T. M. Cover and J. A. Thomas: *Elements of Information Theory*, Second edition, John Wiley & Sons (1991, 2006)

[11] J. G. Smith, "The information capacity of amplitude- and variance-constrained scalar Gaussian channels," *Information and Control*, vol. 18, no. 3, pp. 203–219, Apr., 1971.

[12] T. H. Chan, S. Hranilovic, and F. R. Kschischang, "Capacity-achieving probability measure for conditionally Gaussian channels with bounded inputs," *IEEE Transactions on Information Theory*, vol. 51, no. 6, pp. 2073–2088, Jun., 2005.

[13] 田中,「無線通信におけるランダム行列」, 数理科学, no. 524, pp. 50–55, 2007 年 2 月.

[14] A. Tulino and S. Verdú: *Random Matrix Theory and Wireless Communications*, Foundations and Trends in Communications and Information Theory, now Publishers (2004)

[15] R. Couillet and M. Debbah: *Random Matrix Methods for Wireless Communications*, Cambridge University Press (2011)

[16] H. Markowitz, "Portfolio selection," *Journal of Finance*, vol. 7, no. 1, pp. 77–91, Mar., 1952.

[17] M. M. Dacorogna, R. Gençay, U. Müller, R. B. Olsen, and O. V. Pictet: *An Introduction to High-Frequency Finance*, Academic Press (2001)

[18] V. N. Vapnik: *The Nature of Statistical Learning Theory*, Springer-Verlag (1995)

[19] J.-P. Bouchaud and M. Potters: *Theory of Financial Risk and Derivative Pricing—From Statistical Physics to Risk Management*, Second edition, Cambridge University Press (2000, 2003)

[20] 相馬, 藤原, 尹, 「経済物理とランダム行列—株式市場にある本質的な構造の抽出」, 数理科学, no. 524, pp. 44–49, 2007 年 2 月.

[21] Y. Le Cun, I. Kanter, and S. A. Solla, "Eigenvalues of covariance matrices: application to neural-network learning," *Physical Review Letters*, vol. 66, no. 18, pp. 2396–2399, May 1991.

[22] K. Fukumizu, "Generalization error of linear neural networks in unidentifiable cases," O. Watanabe and T. Yokomori (editors), *Algorithmic Learning Theory, 1999*, Lecture Notes in Artificial Intelligence, vol. 1720, Springer-Verlag, pp. 51–52, 1999.

[23] 嶋崎, 樺島, 「Wake-Sleep アルゴリズムの動的解析」, 電子情報通信学会論文誌, vol. J83-A, no. 6, pp. 661–668, 2000 年 6 月.

[24] V. L. Girko: *Theory of Random Determinants*, Kluwer Academic Publishers (1990)

[25] Z. D. Bai, B. Miao, and J. Tsay, "Convergence rates of the spectral distributions of large Wigner matrices," *International Mathematical Journal*, vol. 1, no. 1, pp. 65–90, 2002.

[26] C. A. Tracy and H. Widom, "Fredholm determinants, differential equations and matrix models," *Communications in Mathematical Physics*, vol. 163, no. 1, pp. 33–72, 1994.

[27] C. A. Tracy and H. Widom, "On orthogonal and symplectic matrix ensembles," *Communications in Mathematical Physics*, vol. 177, no. 3, pp. 727–754, 1996.

[28] V. A. Marčenko and L. A. Pastur, "Distribution of eigenvalues for some sets of random matrices," *Matematicheskii Sbornik*, vol. 72, pp. 507–536, 1967; English translation, *Mathematics of the USSR-Sbornik*, vol. 1, no. 4, pp. 457–483, Apr., 1967.

[29] W. H. Olson and V. R. R. Uppuluri, "Asymptotic distribution of eigen-

values of random matrices", *Proceedings of the Sixth Berkeley Symposium on Mathematical Statistics and Probability*, vol. 3, University of California Press, pp. 615–644, 1973.

[30] J. W. Silverstein and Z. D. Bai, "On the empirical distribution of eigenvalues of a class of large dimensional random matrices," *Journal of Multivariate Analysis*, vol. 54, no. 2, pp. 175–192, Aug., 1995.

[31] J. W. Silverstein, "Strong convergence of the empirical distribution of eigenvalues of large dimensional random matrices," *Journal of Multivariate Analysis*, vol. 55, no. 2, pp. 331–339, Nov., 1995.

[32] Z. Bai and J. W. Silverstein: *Spectral Analysis of Large Dimensional Random Matrices*, Second Edition, Springer (2010)

[33] Z. D. Bai, "Circular law," *Annals of Probability*, vol. 25, no. 1, pp. 494–529, Jan., 1997.

[34] T. Tao, *Topics in Random Matrix Theory*: Graduate Studies in Mathematics, volume 132, American Mathematical Society (2012)

[35] A. Edelman, "The probability that a random real Gaussian matrix has k real eigenvalues, related distributions, and the circular law," *Journal of Multivariate Analysis*, vol. 60, no. 2, pp. 203–232, 1997.

[36] A. Edelman, E. Kostlan, and M. Shub, "How many eigenvalues of a random matrix are real?", *Journal of the American Mathematical Society*, vol. 7, no. 1, pp. 247–267, Jan., 1994.

[37] H. J. Sommers, A. Crisanti, H. Sompolinsky, and Y. Stein, "Spectrum of large random asymmetric matrices," *Physical Review Letters*, vol. 60, no. 19, pp. 1895–1898, May, 1988.

[38] Z. Burda, R. A. Janik, and B. Waclaw, "Spectrum of the product of independent random Gaussian matrices," *Physical Review E*, vol. 81, 041132, Apr., 2010.

[39] N. V. Alexeev, F. Götze, and A. N. Tikhomirov, "On the singular spectrum of powers and products of random matrices," *Doklady Mathematics*, vol. 82, no. 1, pp. 7–9, 2010.

[40] N. Alexeev, F. Götze, and A. Tikhomirov, "Asymptotic distribution of singular values of powers of random matrices," *Lithuanian Mathematical Journal*, vol. 50, no. 2, pp. 121–132, 2010.

[41] G. J. Rodgers and A. J. Bray, "Density of states of a sparse random matrix," *Physical Review B*, vol. 37, no. 7, pp. 3557–3562, Mar., 1988.

[42] G. J. Rodgers and C. De Dominicis, "Density of states of sparse random

matrices," *Journal of Physics A: Mathematical and General*, vol. 23, no. 9, pp. 1567–1573, May, 1990.

[43] A. D. Mirlin and Y. V. Fyodorov, "Universality of level correlation function of sparse random matrices," *Journal of Physics A: Mathematical and General*, vol. 24, no. 10, pp. 2273–2286, May, 1991.

[44] G. Biroli and R. Monasson, "A single defect approximation for localized states on random lattices," *Journal of Physics A: Mathematical and General*, vol. 32, no. 24, pp. L255–L261, Jun., 1999.

[45] G. Semerjian and L. F. Cugliandolo, "Sparse random matrices: the eivenvalue spectrum revisited," *Journal of Physics A: Mathematical and General*, vol. 35, no. 23, pp. 4837–4851, Jun., 2002.

[46] T. Nagao and T. Tanaka, "Spectral density of sparse sample covariance matrices," *Journal of Physics A: Mathematical and Theoretical*, vol. 40, no. 19, pp. 4973–4987, May, 2007.

[47] H. Kesten, "Symmetric random walks on groups," *Transactions on American Mathematical Society*, vol. 92, no. 2, pp. 336–354, Aug., 1959.

[48] B. D. McKay, "The expected eigenvalue distribution of a large regular graph," *Linear Algebra and its Applications*, vol. 40, pp. 203–216, Oct., 1981.

[49] C. D. Godsil and B. Mohar, "Walk generating functions and spectral measures of infinite graphs," *Linear Algebra and its Applications*, vol. 107, pp. 191–206, Aug., 1988.

[50] R. Monasson, "Diffusion, localization and disperson relations on "small-world" lattices," *European Physical Journal B*, vol. 12, no. 4, pp. 555–567, Dec., 1999.

[51] I. J. Farkas, I. Derényi, A.-L. Barabási, and T. Vicsek, "Spectra of "real-world" graphs: beyond the semicircle law," *Physical Review E*, vol. 64, no. 2, pp. 026704-1–12, Aug., 2001.

[52] P. Cizeau and J. P. Bouchaud, "Theory of Lévy matrices," *Physical Review E*, vol. 50, no. 3, pp. 1810–1822, Sep., 1994.

[53] A. Soshnikov and Y. V. Fyodorov, "On the largest singular values of random matrices with independent Cauchy entries," *Journal of Mathematical Physics*, vol. 46, no. 3, pp. 033302-1–15, Mar., 2005.

[54] D. V. Voiculescu, K. J. Dykema, and A. Nica, *Free Random Variables*, CRM Monograph Series, vol. 1, American Mathematical Society, 1992.

[55] D. V. Voiculescu (editor), *Free Probability Theory*, Fields Institute Commu-

nications, vol. 12, American Mathematical Society, 1997.

[56] F. Hiai and D. Petz, *The Semicircle Law, Free Random Variables and Entropy*, Mathematical Surveys and Monographs, vol. 77, American Mathematical Society, 2000.

[57] 明出伊類似，尾畑伸明：「量子確率論の基礎」，牧野書店 (2003)

[58] A. Nica and R. Speicher: *Lectures on the Combinatorics of Free Probability*, London Mathematical Society Lecture Note Series, 335, Cambridge University Press (2006)

[59] 日合，植田，「ランダム行列と自由確率論」，小嶋 (編)，数理物理への誘い，遊星社，pp. 121–147, 2006.

[60] D. V. Voiculescu, "Addition of certain non-commuting random variables," *Journal of Functional Analysis*, vol. 66, no. 3, pp. 323–346, May, 1986.

[61] D. V. Voiculescu, "Multiplication of certain non-commuting random variables," *Journal of Operator Theory*, vol. 18, no. 2, pp. 223–235, 1988.

[62] A. Guionnet: *Large Random Matrices: Lectures on Macroscopic Asymptotics*, Lecture Notes in Mathematics, volume 1957, Springer (2009)

[63] G. W. Anderson, A. Guionnet, and O. Zeitouni: *An Introduction to Random Matrices*, Cambridge Studies in Advanced Mathematics, volume 118, Cambridge University Press (2010)

[64] L. Pastur and M. Shcherbina: *Eigenvalue Distribution of Large Random Matrices*, Mathematical Surveys and Monographs, volume 171, American Mathematical Society (2011)

[65] G. Akemann, J. Baik, and P. Di Francesco (editors): *The Oxford Handbook of Random Matrix Theory*, Oxford University Press (2011)

第5章
ランダム行列と学習理論

　ウィシャート（Wishart）行列は，多変量正規分布に従う確率変数の共分散行列を記述するために導入された，最も歴史の古いランダム行列である．ウィグナー（Wigner）の半円則に従うランダム行列と同様に，ウィシャート行列の固有値分布もまた，行列のサイズと自由度を（それらの比を一定に保ったまま）無限に大きくしていった極限で，ある分布に収束する（マルチェンコ–パスツール則）．この極限分布は，ウィシャート行列を数多く観測してそれらのすべての固有値について調べたときに現れるだけでなく，ウィシャート行列をたった一つだけ観測し，その（無限個の）固有値について調べたときにも全く同じ分布が現れる．

　この性質を利用して，特異モデルの一種である縮小ランク回帰モデルの汎化性能を解析することができる．線形回帰モデルに代表される正則モデルに関してはその汎化性能を記述する一般的な理論が存在するのに対し，多層ニューラルネットワーク，混合分布モデル，隠れマルコフモデルなどに代表される特異モデルの汎化性能を記述する共通の理論は存在せず，また，その解析は困難である．近年，パラメータの学習にベイズ推定を適用した場合の汎化性能を解析するための一般的な方法が発見されたが [18]，最尤推定法やベイズ推定の近似法の汎化性能解析には適用できない．縮小ランク回帰モデルは特異モデルの一つであるが，ウィシャート行列と密接な関係があるため，その固有値分布を用

いて汎化性能を解析することができる．本章ではその解析法について紹介する．まずはじめに，5.1 節においてウィシャート行列とその固有値分布について，5.2 節において統計モデルの特異性について説明したのち，5.3 節においてランダム行列の理論を用いた汎化性能解析について解説する．5.4 節では，本章で紹介した解析が統計的学習理論にもたらした知見について述べる．

5.1 ウィシャート分布

5.1.1 共分散行列

ある分布に従う K 個の確率変数 $\boldsymbol{x} = (x_1, \ldots, x_K)^\mathrm{T} \in \mathbb{R}^K$ があるとする．これらの変数が，それぞれでたらめに（独立に）振る舞うのか，あるいはなんらかの相関をもつのかを調べることが，統計学の多くの場面で必要となる．そのため，各変数の相関関係の程度を示す，共分散行列と呼ばれる統計量の振る舞いを調べることが重要となる．$\boldsymbol{x}$ が従う分布の性質を調べるために，n 個のサンプル $\{\boldsymbol{x}^{(i)}; i = 1, \ldots, n\}$ を観測したとする．$\boldsymbol{x}$ の（原点まわりの）サンプル共分散行列は，

$$\hat{\Sigma} = \frac{1}{n} \sum_{i=1}^n \begin{pmatrix} x_1^{(i)} x_1^{(i)} & \cdots & x_1^{(i)} x_K^{(i)} \\ \vdots & \ddots & \vdots \\ x_K^{(i)} x_1^{(i)} & \cdots & x_K^{(i)} x_K^{(i)} \end{pmatrix} = \frac{1}{n} \sum_{i=1}^n \boldsymbol{x}^{(i)} \boldsymbol{x}^{(i)\mathrm{T}}$$

で定義される（T は行列の転置を表す）．簡単のため，$\boldsymbol{x}$ の分布の平均は $\boldsymbol{0}$ であり，既知であるとする．ここで，各サンプル $\boldsymbol{x}^{(i)}$ を縦に並べてつくった $K \times n$ 行列を導入すると便利である．

$$X = \begin{pmatrix} \boldsymbol{x}^{(1)} & \cdots & \boldsymbol{x}^{(n)} \end{pmatrix}$$

この行列を用いれば，サンプル共分散行列は

$$\hat{\Sigma} = \begin{pmatrix} \boldsymbol{x}^{(1)} & \cdots & \boldsymbol{x}^{(n)} \end{pmatrix} \begin{pmatrix} \boldsymbol{x}^{(1)\mathrm{T}} \\ \vdots \\ \boldsymbol{x}^{(n)\mathrm{T}} \end{pmatrix} = \frac{1}{n} X X^\mathrm{T}$$

と書ける．

5.1.2 ウィシャート分布の定義

ウィシャート分布は，(サンプル数 n で割らない) サンプル共分散行列 XX^T ($= n\hat{\Sigma}$) の振る舞いを記述するために導入された．ただし，XX^T の分布はもちろん確率変数 x の分布に依存するので，x の分布を規定する必要がある．$z \in \mathbb{R}^d$ が平均 $\boldsymbol{\mu}$，共分散 Σ の d 次元正規分布に従うことを，

$$z \sim N_d(\boldsymbol{\mu}, \Sigma)$$

と書くことにする．これはすなわち，z の密度関数が

$$p(z) = \frac{1}{(2\pi)^{d/2} \det(\Sigma)^{1/2}} \exp\left(-\frac{1}{2}(z-\boldsymbol{\mu})^\mathrm{T} \Sigma^{-1}(z-\boldsymbol{\mu})\right)$$

で与えられることを意味する．

定義 5.1 $K \times n$ 行列

$$X = \begin{pmatrix} \boldsymbol{x}^{(1)} & \cdots & \boldsymbol{x}^{(n)} \end{pmatrix}$$

の各列ベクトルが独立に $\boldsymbol{x}^{(i)} \sim N_K(\boldsymbol{0}, \Sigma)$ に従うとき，$K \times K$ ランダム行列 XX^T が従う分布を，自由度 n，パラメータ Σ の K 次元ウィシャート分布と呼び，

$$XX^\mathrm{T} \sim \mathcal{W}_K(n, \Sigma)$$

と書く．

$\hat{\Sigma} = XX^\mathrm{T}/n$ は Σ の最尤不偏推定量であることに注意する（ただし，不偏であるのは平均 $\boldsymbol{\mu} = \boldsymbol{0}$ が既知の場合のみ）．また，対角成分 $(XX^\mathrm{T})_{kk}/n$ は，対応するガウス変数成分 $x_k \sim N_1(\boldsymbol{0}, \Sigma_{kk})$ のサンプル分散に相当するので，χ^2 分布に従う．つまりウィシャート分布は，正規分布の分散の振る舞いを記述するために導入された χ^2 分布を，共分散（非対角成分）にまで拡張したものと考えてよい．

本章では，ウィシャート分布のパラメータ Σ が K 次元単位行列 I_K である場合しか考えない．この場合，定義 5.1 はより簡単に言い表せる．

■ **命題 5.1** ランダム行列 $X \in \mathbb{R}^{K \times n}$ の各成分が独立に $N_1(0, 1^2)$ に従うとき，$XX^{\mathrm{T}} \sim \mathcal{W}_K(n, I_K)$．

5.1.3 ウィシャート行列の極限固有値分布

$\mathcal{W}_K(n, I_K)$ および $\mathcal{W}_n(K, I_n)$ に従う 2 種類のウィシャート行列の固有値の，大きい方から $\min(K, n)$ 個の分布は同一であり，次元の大きい方の残りの固有値はすべて，常にゼロである．本節では $K \leq n$ を仮定する．

$XX^{\mathrm{T}} \sim \mathcal{W}_K(n, I_K)$ となるランダム行列 $X \in \mathbb{R}^{K \times n}$ のサイズ（K および n）を，その比

$$\alpha = \frac{K}{n}$$

を一定に保ったまま無限大に拡大していくと，XX^{T} の固有値の分布（密度関数）がある関数に収束することが知られている [11, 29]．この固有値分布は，ウィシャート行列を多数観測し，それらすべての固有値の分布を調べたときに観測されるだけでなく（アンサンブル平均），ウィシャート行列を一つだけサンプルし，その（無限個の）固有値の分布を調べたときにも観測される（自己平均性）．本章では自己平均性を利用するので，まずはじめに，一つの行列に対する固有値の分布を定義する．

定義 5.2 $XX^{\mathrm{T}} \sim \mathcal{W}_K(n, \sigma^2 I_K)$ からサンプルされた，一つの行列を考える．この行列のすべての固有値を $\{\tau_1, \ldots, \tau_K\}$ と書き，これらを

$$u_k = \frac{\tau_k}{n} \qquad \text{for} \qquad k = 1, \ldots, K \tag{5.1}$$

によってスケーリングした量を考える[*1]．u の経験分布を

$$\delta P = \frac{1}{K} \{\delta(u_1) + \cdots + \delta(u_K)\} \tag{5.2}$$

で定義する．ただし，$\delta(u)$ は u を中心とするディラック（Dirac）測度である．この経験分布に関して，以下の定理が知られている [7, 11, 16]．

[*1] $\{u_k; k = 1, \ldots, K\}$ は，$\boldsymbol{x} \sim N_K(\boldsymbol{0}, \sigma^2 I_K)$ のサンプルを n 個得たときの，サンプル共分散行列 XX^{T}/n の固有値集合である．

5.1 ■ ウィシャート分布

■ **定理 5.1** 定数 $0 < \alpha \leq 1$ を一つ決めて，$n, K \to \infty, K/n \to \alpha$ としたとき，(5.2) で定義される経験分布 δP は $p(u)du$ に概収束（確率1で収束）する[*1]．ただし，密度関数 $p(u)$ は

$$u_{\min} = \sigma^2(1 - \sqrt{\alpha})^2, \qquad u_{\max} = \sigma^2(1 + \sqrt{\alpha})^2$$

を用いて

$$p(u) = \begin{cases} \dfrac{1}{2\pi\sigma^2\alpha} \dfrac{\sqrt{(u - u_{\min})(u_{\max} - u)}}{u} & (u_{\min} \leq u \leq u_{\max}) \\ 0 & (\text{その他}) \end{cases} \quad (5.3)$$

で与えられる．

$\mathcal{W}_{300}(1000, I_{300})$ に従うランダム行列を一つだけ数値的に生成し，その固有値のヒストグラム（を適切に正規化したもの）を図 5.1 に描いた．破線は式 (5.3) で与えられる理論値を示す．このヒストグラムは，MATLAB を用いれば以下のような簡単なコードで描画できるので，試してみられるとよい．

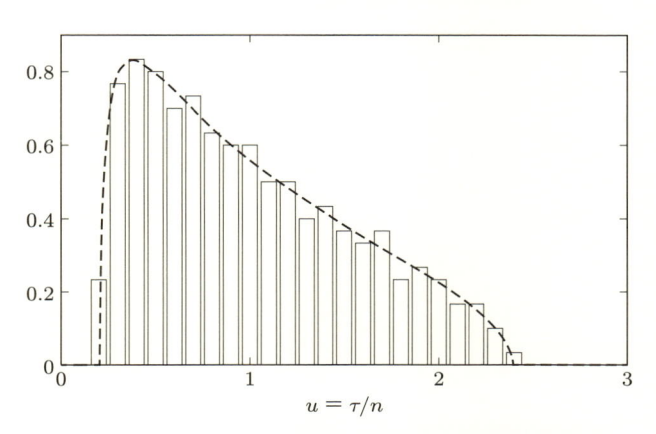

図 5.1 ウィシャート分布に従う（一つの）行列の固有値分布．

[*1] δP は，ウィシャート分布に従う確率変数の関数であり，$\mathbb{R}$ 上の確率分布全体の空間 $\text{Prob}\mathbb{R}$ に値をとる確率変数である．$\text{Prob}\mathbb{R}$ は確率分布の空間であるので，そこには法則収束の意味で位相が入っていると考える [16]（すなわち，$u \in \mathbb{R}$ 上の二つの確率分布 $\delta P, \delta P' \in \text{Prob}\mathbb{R}$ は，任意の有界連続関数 $f(u)$ に対して $\int f(u)\delta P = \int f(u)\delta P'$ であれば，$\delta P = \delta P'$）．確率変数の収束の定義については，[28] の 2.4 節が簡潔でわかりやすい．

```
K = 300;   n = 1000;   bw = 0.1;   x = 0:bw:3;
X = randn(K, n);
y = eig(X * X') ./ n;
bar(x, hist(y, x) / (min(K, n) * bw));
```

実は固有値密度が (5.3) に従うのは，X の各成分が正規分布に従う場合に限らない．言い換えると，XX^T がウィシャート分布に従うことは，固有値密度が (5.3) に従うための必要条件ではない．X の各要素の分布が以下を満たすとき，XX^T の固有値密度は式 (5.3) に収束する [29]（ただし，これらも必要条件ではない）．

- 行列要素が独立．
- 平均がゼロで分散が同一．
- 高次モーメントが存在する．

上に示したコードの 2 行目を例えば

```
X = (2 * rand(K, n) - 1) * sqrt(3);
```

とすれば，X の各要素の分布が一様分布であっても同じ固有値分布が観測されることを確認できる．

ウィシャート分布の固有値密度 (5.3) は，分子の半円形関数を u で割ることによって歪ませた形をしている．非常に大雑把に言うと，ウィグナーの半円則に従う行列 X とウィシャート分布に従う行列 XX^T との関係は，正規分布に従う確率変数 x と χ^2 分布に従う確率変数 x^2 との関係に対応する．

5.2 統計モデルの特異性

統計的学習モデルは正則モデルと特異モデルという二つのクラスに分類される．正則モデルには汎化能力を記述する一般的な理論が存在するが，その理論は特異モデルには適用できない．本節ではまず，正則モデルとその汎化性能を記述する学習理論について紹介したのち，それが特異モデルには適用できない理由を述べる．

5.2.1 正則モデルとその学習理論

$\boldsymbol{x} \in \mathbb{R}^M$ を入力ベクトル, $\boldsymbol{y} \in \mathbb{R}^L$ を出力ベクトルとして入力から出力を予測する回帰問題について考える．線形回帰モデルでは，パラメータ $W \in \mathbb{R}^{L \times M}$ を導入して

$$\boldsymbol{y} = W\boldsymbol{x} + \boldsymbol{\varepsilon} \tag{5.4}$$

によって入出力関係を記述する．ただし $\boldsymbol{\varepsilon} \in \mathbb{R}^L$ はノイズであり，本章では $\boldsymbol{\varepsilon} \sim N_L(\boldsymbol{0}, I_L)$ を仮定する．このモデルの条件付き確率は

$$p(\boldsymbol{y} \mid \boldsymbol{x}, W) = \frac{1}{(2\pi)^{L/2}} \exp\left(-\frac{1}{2}\|\boldsymbol{y} - W\boldsymbol{x}\|^2\right) \tag{5.5}$$

で与えられる．

$(\boldsymbol{x}, \boldsymbol{y})$ の真の同時分布を $q(\boldsymbol{x}, \boldsymbol{y}) = q(\boldsymbol{x})q(\boldsymbol{y} \mid \boldsymbol{x})$ とする．学習データとして $q(\boldsymbol{x}, \boldsymbol{y})$ から独立に n 個のサンプルを得たとする．

$$X = \begin{pmatrix} \boldsymbol{x}^{(1)} & \cdots & \boldsymbol{x}^{(n)} \end{pmatrix}, \quad Y = \begin{pmatrix} \boldsymbol{y}^{(1)} & \cdots & \boldsymbol{y}^{(n)} \end{pmatrix}$$

回帰分析の目的は，学習データ (X, Y) を用いてパラメータ W を学習し，新たな入力 $\boldsymbol{x}$ に対する予測分布 $p(\boldsymbol{y} \mid \boldsymbol{x}, X, Y)$ を求めることにある．

学習方法として最尤推定を採用したとすると，予測分布は

$$p_{\mathrm{MLE}}(\boldsymbol{y} \mid \boldsymbol{x}, X, Y) = p(\boldsymbol{y} \mid \boldsymbol{x}; \hat{W}_{\mathrm{MLE}})$$

で与えられる．ただし $\hat{W}_{\mathrm{MLE}}$ は最尤推定量

$$\hat{W}_{\mathrm{MLE}} = \underset{W}{\operatorname{argmax}} \left(\prod_{i=1}^{n} p(\boldsymbol{y}^{(i)} \mid \boldsymbol{x}^{(i)}; W) \right)$$

であり，線形回帰モデル (5.4) の場合には

$$Q = \frac{1}{n} \sum_{i=1}^{n} \boldsymbol{x}^{(i)} \boldsymbol{x}^{(i)\mathrm{T}} = \frac{1}{n} X X^{\mathrm{T}} \tag{5.6}$$

$$R = \frac{1}{n} \sum_{i=1}^{n} \boldsymbol{y}^{(i)} \boldsymbol{x}^{(i)\mathrm{T}} = \frac{1}{n} Y X^{\mathrm{T}} \tag{5.7}$$

を用いて

$$\hat{W}_{\mathrm{MLE}} = RQ^{-1} \tag{5.8}$$

で与えられる．

一方，ベイズ推定ではまず W に事前分布 $\phi(W)$ を導入し，ベイズ事後分布

$$p(W|X,Y) = \frac{\phi(W)\prod_{i=1}^{n} p(\boldsymbol{y}^{(i)}|\boldsymbol{x}^{(i)},W)}{Z} \tag{5.9}$$

を計算する．ただし Z は周辺尤度あるいは分配関数と呼ばれる規格化定数であり，

$$Z = \int \phi(W) \prod_{i=1}^{n} p(\boldsymbol{y}^{(i)}|\boldsymbol{x}^{(i)},W) dW$$

で与えられる[*1]．ベイズ予測分布は，モデル分布 (5.5) をベイズ事後分布 (5.9) で平均することによって得られる．

$$p_{\mathrm{Bayes}}(\boldsymbol{y}|\boldsymbol{x},X,Y) = \int p(\boldsymbol{y}|\boldsymbol{x},W)p(W|X,Y)dW$$

モデルと学習法の良し悪しを評価する規準として，真の分布と予測分布とのカルバック擬距離の（学習サンプルの出かたに関する）期待値

$$G(n) = \left\langle \int q(\boldsymbol{x})q(\boldsymbol{y}|\boldsymbol{x}) \log \frac{q(\boldsymbol{y}|\boldsymbol{x})}{p(\boldsymbol{y}|\boldsymbol{x},X,Y)} d\boldsymbol{x}d\boldsymbol{y} \right\rangle_{q(X,Y)}$$

がよく用いられる．ここで $\langle \cdot \rangle_{q(X,Y)}$ は学習サンプルに関する期待値を示す．真の分布を表現可能なモデルを用いた場合，まっとうな学習方法を用いる限り，サンプル数 n を増やしていけば汎化誤差はゼロに近づいていき，一般に以下のように漸近展開される．

$$G(n) = \frac{\lambda}{n} + o(n^{-1})$$

本章では係数 λ のことを汎化係数と呼ぶ．

線形回帰モデル (5.5) は，$W \neq W'$ のとき必ず $p(\boldsymbol{y}|\boldsymbol{x},W) \neq p(\boldsymbol{y}|\boldsymbol{x},W')$ で

[*1] $\int dW$ は W のすべての成分に関する積分を意味する．

ある．このことを「モデルが識別可能である」というが，識別可能なモデルは正則モデルと呼ばれるクラスに分類され[*1]，正則モデルに属するすべてのモデルが，自由度のみに依存する単純な形の汎化係数をもつことが知られている [6,24,26]．

> ■**定理 5.2** 正則モデルでは，最尤推定および（普通の事前分布を用いた）ベイズ推定のいずれの場合でも，汎化係数は
>
> $$2\lambda = K \tag{5.10}$$
>
> で与えられる．ただし K はモデルのもつパラメータ数である．

この定理は，（真の分布と予測分布との経験カルバック擬距離を用いて定義される）学習誤差に関して成立する類似の性質と合わせて，赤池情報量規準（AIC）の理論的根拠をなす [1]．なお，線形回帰モデル (5.4) の場合，パラメータ $W \in \mathbb{R}^{L \times M}$ の自由度は $K = LM$ であるので，汎化係数は $2\lambda = LM$ となる．

5.2.2 特異モデルについて

識別可能性

$$W \neq W' \implies p(\boldsymbol{y} \mid \boldsymbol{x}, W) \neq p(\boldsymbol{y} \mid \boldsymbol{x}, W')$$

は，統計モデルが正則であるための必要条件である．定理 5.2 は，線形回帰モデル (5.5) だけでなくすべての正則モデルについて成立する．

一方，多層ニューラルネットワーク，混合分布モデル，隠れマルコフモデルなどは**識別不能**であり，したがって特異モデルである．例として3層ニューラルネットワークを考える．

$$\boldsymbol{y} = \sum_{h=1}^{H} \boldsymbol{b}_h \psi\left(\boldsymbol{a}_h^{\mathrm{T}} \boldsymbol{x}\right) + \boldsymbol{\varepsilon} \tag{5.11}$$

モデルパラメータは $\{(\boldsymbol{a}_h, \boldsymbol{b}_h); \boldsymbol{a}_h \in \mathbb{R}^M, \boldsymbol{b}_h \in \mathbb{R}^L, h = 1, \ldots, H\}$ であり，

[*1] 正確にいうと，正則モデルであるための条件は識別可能性だけではない．正則条件の詳細については [23] を参照されたい．

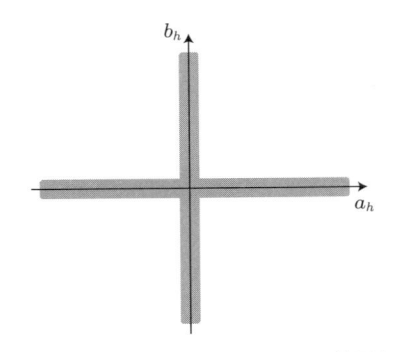

図 5.2 ニューラルネットワークの特異点.

$\psi(\cdot)$ は活性化関数と呼ばれる反対称非減少関数である[*1]. 一つの中間素子 h に注目し, 対応するパラメータ $\{a_h, b_h\}$ の空間を考えてみよう (図 5.2). 活性化関数の反対称性 $\psi(0) = 0$ を考えると, 図 5.2 上の影付けされた領域では常に $b_h \psi(a_h^{\mathrm{T}} x) = 0$ が成立する. よって, h 以外の中間素子に対応するパラメータが同じであればこの領域上の点はすべて同じモデル (確率分布) に対応する. つまり 3 層ニューラルネットワークは識別不能であり特異モデルなのである[*2].

特異モデルの汎化誤差解析においては, 冗長成分の振る舞いを調べることが重要となる. 冗長成分に対応する部分空間 $\{(a_h, b_h); h = H^* + 1, \ldots, H)\}$ において, 真のパラメータが特異点上に存在するためである. 標準的な学習理論 [24] では, 真のパラメータのまわりで対数尤度をテイラー展開し, 鞍点法を適用することによって定理 5.2 を得るのであるが, この手法は特異モデルの冗長成分に対しては適用できないのである.

5.3 縮小ランク回帰モデルの汎化性能解析

前節までで, ウィシャート分布の極限固有値分布および, 統計的学習における特異モデルについて説明し, 本題に入る準備が整った. 本節ではまず特異モデルの一つである縮小ランク回帰モデルを紹介したのち, 定理 5.1 を用いてこのモデルの汎化性能解析を行う.

[*1] シグモイド関数などがよく用いられる.
[*2] パラメータ空間上に連続的に存在する識別不能点は, その上で Fisher 情報量が縮退しているため特異点と呼ばれる.

5.3.1 縮小ランク回帰モデル

縮小ランク回帰モデルは，線形モデルにおいてパラメータ W のランクを制限したモデルである．W のランクを $H \leq \min(L, M)$ に制限するには，

$$W = BA$$

を満たす $L \times H$ 行列 B および $H \times M$ 行列 A をパラメータと考えるとよい．すなわち，モデル (5.4) の代わりに

$$\boldsymbol{y} = BA\boldsymbol{x} + \boldsymbol{\varepsilon} \tag{5.12}$$

を用いる．ただしこの表現には注意が必要である．任意の $H \times H$ 正則行列 S を用いてパラメータを $(A, B) \mapsto (SA, BS^{-1})$ と変換しても，入出力関係は変わらない．したがって縮小ランク回帰モデルの実質的なパラメータ数は

$$K = H(M + L) - H^2 \tag{5.13}$$

である．

行列 A および B を以下のようにベクトル成分で表示してみよう．

$$B = \begin{pmatrix} \boldsymbol{b}_1 & \cdots & \boldsymbol{b}_H \end{pmatrix}, \qquad A = \begin{pmatrix} \boldsymbol{a}_1^{\mathrm{T}} \\ \vdots \\ \boldsymbol{a}_H^{\mathrm{T}} \end{pmatrix}$$

すると縮小ランク回帰モデル (5.12) は，ニューラルネットワーク (5.11) において活性化関数 $\psi(\cdot)$ を線形にしたものとなっていることがわかる．すなわち縮小ランク回帰モデル (5.12) は，M 個の入力素子，H 個の中間素子，L 個の出力素子をもつ，線形ニューラルネットワークなのである．

$H = \min(M, L)$ の場合，縮小ランク回帰モデル (5.12) は線形モデル (5.4) と等価であることに注意する．このとき，最尤推定量は式 (5.8) で与えられる．縮小ランク回帰モデルでは，$H < \min(M, L)$ とすることによって，パラメータの有効次元を制御するのである[*1]．

行列 $RQ^{-1/2}$ の特異値を大きい順に並べたものを $\{\gamma_h; h = 1, \ldots, H\}$ とする．h 番目の固有値に対応する右特異ベクトルおよび左特異ベクトルをそれぞ

[*1] 自明な冗長性が存在するため，図 5.2 のような単純な描像では説明できないが，$H < \min(M, L)$ の場合には縮小ランク回帰モデルは特異モデルである．

れ $\boldsymbol{\omega}_{a_h}$ および $\boldsymbol{\omega}_{b_h}$ とすると，最尤推定量は以下で与えられる [4]．

> **定理 5.3** 入力次元 M，出力次元 L，ランク H の縮小ランク回帰モデルの最尤推定量は
> $$(\hat{B}\hat{A})_{\mathrm{MLE}} = \sum_{h=1}^{H} \boldsymbol{\omega}_{b_h} \boldsymbol{\omega}_{b_h}^t R Q^{-1} \tag{5.14}$$
> で与えられる．

通常の回帰問題では $M \geq L$ とするので，以下ではこれを仮定する．

5.3.2 最尤推定の汎化性能

縮小ランク回帰モデル (5.12) は（$H < L$ の場合）特異モデルであるため，定理 5.2 は適用できない．真の分布が $p(\boldsymbol{y}\,|\,\boldsymbol{x}, A^*, B^*)$ で与えられるとする．ただし $B^* A^*$ のランクは $H^* \leq H$ である[*1]．汎化誤差の導出をわかりやすくするために，入力が直交化されていることを仮定する．

$$\int \boldsymbol{x}\boldsymbol{x}^{\mathrm{T}} q(\boldsymbol{x}) d\boldsymbol{x} = I_M \tag{5.15}$$

この仮定は最尤推定の性能には影響しない．このとき式 (5.6) および式 (5.7) で定義された行列は

$$Q = \frac{1}{n}\sum_{i=1}^{n} \boldsymbol{x}^{(i)} \boldsymbol{x}^{(i)\mathrm{T}} = I_M + O_p(n^{-1/2})$$

$$R = \frac{1}{n}\sum_{i=1}^{n} \boldsymbol{y}^{(i)} \boldsymbol{x}^{(i)\mathrm{T}} = B^* A^* + O_p(n^{-1/2})$$

と書ける．最尤推定の汎化性能に関して，以下の定理が得られる [7]．

> **定理 5.4** ランク H の縮小ランク回帰モデルによって，ランク $H^*(\leq H)$ の真の分布を最尤推定で学習したときの汎化誤差は，

[*1] 汎化性能に関する漸近論においては，真の分布がモデルに含まれるときモデルの冗長性がどのように過学習に影響するかが評価される．このことは例えば尤度比検定において，帰無仮説がよりパラメータの多い対立仮説に包含されるよう設定し，対立仮説の尤度増加量がノイズに対する過学習で説明できるか否かを評価して有意水準を議論することと同様である．検定力の議論に対応する解析も行われているが [20]，一般により困難である．

5.3 ■ 縮小ランク回帰モデルの汎化性能解析

$$G_{\mathrm{MLE}}(n) = \frac{\lambda_{\mathrm{MLE}}}{n} + O(n^{-3/2})$$

と漸近展開される．ただし汎化係数は

$$2\lambda_{\mathrm{MLE}} = (H^*(M+L) - H^{*2}) + \left\langle \sum_{h=1}^{H-H^*} \tau_h \right\rangle_{q(\{\tau_h\})} \tag{5.16}$$

で与えられる．ここで，τ_h は $\mathcal{W}_{L-H^*}(M-H^*, I_{L-H^*})$ に従うウィシャート行列の h 番目に大きい固有値であり，$\langle \cdot \rangle_{q(\{\tau_h\})}$ は固有値集合 $\{\tau_h; h=1,\ldots,L\}$ に関する期待値を意味する．

(証明の概略) H 個の学習モデルの特異値成分のうち，H^* 個の真の特異値成分を近似するものを必要成分と呼び，残りの $(H-H^*)$ 個を冗長成分と呼ぶことにする．n が十分大きいとき冗長成分はゼロに収束するので，必要成分は必ず $h=1,\ldots,H^*$ に対応する（特異値は大きい順に並べられていることを思い出そう）．必要成分の部分空間上では真のパラメータは正則点上に存在する．したがってこれらの成分には定理 5.2 を適用することができ，式 (5.13) を考慮すれば式 (5.16) の第 1 項を得る．一方 $(H-H^*)$ 個の冗長成分は，必要成分によって固定されない $(L-H^*) \times (M-H^*)$ 行列 D を過学習する．行列 D は正規ノイズに（必要成分に依存する）直交行列が作用しただけのものであるので，$DD^\mathrm{T} \sim \mathcal{W}_{L-H^*}(M-H^*, n^{-1}I_{L-H^*})$ が成立している．尤度が最大になるのは，冗長成分が D の特異成分のうち特異値が大きい方から $(H-H^*)$ 個に適合したときであるので，これらを過学習したときの二乗誤差として式 (5.16) の第 2 項を得る．(証明の概略終わり)

それではいよいよ，定理 5.1 で与えられる固有値の極限分布を用いる．定理 5.4 において汎化誤差が導出されたが，式 (5.16) の第 2 項

$$\eta = \left\langle \sum_{h=1}^{H-H^*} \tau_h \right\rangle_{q(\{\tau_h\})} \tag{5.17}$$

は一般に数値的にしか計算できない．しかしモデルの規模がある程度大きければ，近似的な解析表現が得られるのである [7]．5.4 節で見るように，以下で導出する解析表現はモデルの規模がそれほど大きくない場合でも良い近似を与える．入力次元 M，出力次元 L，ランク H，真のランク H^* のすべてを，比を一

定に保ちながら無限大にした極限を考えて

$$\alpha = \frac{L - H^*}{M - H^*} \tag{5.18}$$

$$\beta = \frac{H - H^*}{L - H^*} \tag{5.19}$$

を定義する．このとき定理 5.1 より，$\mathcal{W}_{L-H^*}(M - H^*, I_{L-H^*})$ に従うウィシャート行列の固有値を自由度で割った量

$$u_h = \frac{\tau_h}{M - H^*}$$

の密度関数は (5.3) で与えられる．この固有値分布の k 次モーメントを考える．

$$\int u^k p(u) du \tag{5.20}$$

この積分は任意の次数 k に対して不定積分可能である．汎化誤差解析に必要なのは積分領域の下限を変数とする以下の関数である．

$$J(u_t; k) = \int_{u_t}^{\infty} u^k p(u) du \tag{5.21}$$

縮小ランク回帰モデルではランクが $H \leq L$ に制限されるため，(5.17) の和は固有値の大きい方から $(H - H^*)$ 個に限られる．これを大規模極限で考えると，

$$P(u > u_\beta) = J(u_\beta; 0) = \beta \tag{5.22}$$

を満たす u_β よりも大きい u だけが式 (5.17) に寄与することになる（図 5.3）[*1]．この u_β を用いると，大規模極限で式 (5.17) は

$$\eta \approx J(u_\beta; 1)$$

と書けるので，式 (5.20) の不定積分を用いて以下の定理を得る[*2]．

> **定理 5.5** M, L, H, H^* が十分大きいとき，縮小ランク回帰モデルにおける最尤推定の汎化係数は，以下で近似される．

[*1] $P(\cdot)$ は，括弧内の事象が起こる確率を表す．
[*2] 不定積分の表現は煩雑なので省略する．公式集などを参照されたい．

$$2\lambda_{\mathrm{ML}} \approx (H^*(M+L) - H^{*2}) + (M - H^*)(L - H^*)J(s_t; 1)$$

ただし

$$s_t = J^{-1}(\beta; 0)$$
$$J(s; 1) = \frac{1}{\pi}(-s\sqrt{1-s^2} + \cos^{-1} s)$$
$$J(s; 0) = \frac{1}{2\pi\alpha}\left\{-2\sqrt{\alpha}\sqrt{1-s^2} + (1+\alpha)\cos^{-1} s \right.$$
$$\left. -(1-\alpha)\cos^{-1}\frac{\sqrt{\alpha}(1+\alpha)s + 2\alpha}{2\alpha s + \sqrt{\alpha}(1+\alpha)}\right\}$$

である．ここで $J^{-1}(\cdot; k)$ は $J(s; k)$ の逆関数を表す．

5.4 節において，この定理によって得られた汎化係数を数値的に議論する．

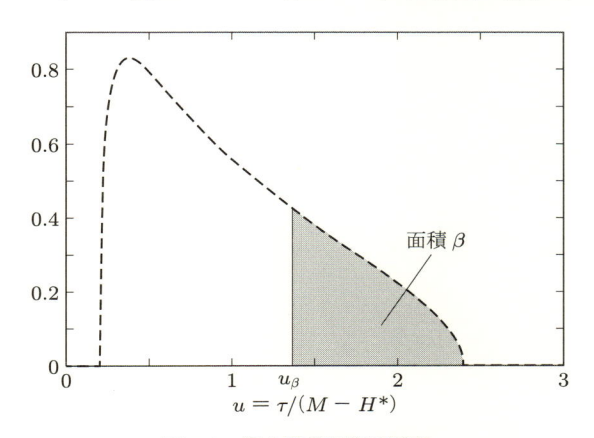

図 5.3　汎化誤差計算の説明．

5.3.3 縮小ランク回帰モデルの変分ベイズ解

次に，近年ベイズ推定の近似法として注目されている変分ベイズ法を学習に用いた場合の縮小ランク回帰モデルの汎化性能を考える．この場合にも，ウィシャート行列の極限固有値分布が利用できる．

一般に特異モデルにおいては，最尤推定よりもベイズ推定の方が良い汎化性能を与えることが知られている [26]．しかし特異モデルにおいて，精度よくベイズ解を求めることは計算量的に困難である場合が多い．変分ベイズ法は，ベ

イズ事後分布を近似する計算効率に優れた方法として提案された [3,8].

パラメータ $\boldsymbol{w}$ 上の任意の分布 $r(\boldsymbol{w})$ を考え，$r(\boldsymbol{w})$ の汎関数として自由エネルギー

$$\bar{F}(r) = -S(r) + nE(r) \tag{5.23}$$

を定義する．ただし

$$S(r) = -\langle \log r(\boldsymbol{w}) \rangle_{r(\boldsymbol{w})}$$
$$E(r) = -\frac{1}{n} \langle \log (\phi(\boldsymbol{w}) \prod_{i=1}^{n} p(y_i|\boldsymbol{w})) \rangle_{r(\boldsymbol{w})}$$

は，サンプル数 n を逆温度に対応させると，それぞれエントロピーおよびエネルギーに対応する量である．ここで $\langle \cdot \rangle_p$ は分布 p に関する期待値を表す．$n^{-1}\bar{F}(r)$ はヘルムホルツ（Helmholtz）自由エネルギーに対応し，この値を最小にする $r(\boldsymbol{w})$（平衡分布）がベイズ事後分布に対応する．

ベイズ事後分布は計算困難であるので，$r(\boldsymbol{w})$ をある解きやすい関数クラスに限定して自由エネルギー (5.23) を最小化する方法が提案され，変分ベイズ法と呼ばれている．縮小ランク回帰モデルでは，A と B とが互いに独立であるという制約

$$r(\boldsymbol{w}) = r(A, B) = r(A)r(B)$$

を課すことにより，事後分布の漸近解を得ることができる [14][*1]．式 (5.6)，式 (5.7) および，定理 5.3 の直前で定義された，$RQ^{-1/2}$ の特異値と特異ベクトル $\{\gamma_h, \boldsymbol{\omega}_{a_h}, \boldsymbol{\omega}_{b_h}; h = 1, \dots, H\}$ を用いて，以下の定理が得られる．

■ **定理 5.6** 縮小ランク回帰モデルの変分ベイズ事後分布の期待値（以下，変分ベイズ推定量と呼ぶ）は

$$(\hat{B}\hat{A})_{\mathrm{VB}} = \sum_{h=1}^{H} \theta(n\gamma_h^2 > M) \left(1 - \frac{M}{n\gamma_h^2}\right) \boldsymbol{\omega}_{b_h} \boldsymbol{\omega}_{b_h}^t R Q^{-1} + O_p(n^{-1}) \tag{5.24}$$

[*1] $\int \boldsymbol{x}\boldsymbol{x}^{\mathrm{T}} q(\boldsymbol{x}) d\boldsymbol{x} = I_M + O_p(n^{-1/2})$ が成立するという仮定も必要である．これは例えば，入力 $\boldsymbol{x}$ を学習データ X にもとづいて事前に対角化すれば実現できる．

で与えられ，事後分布の広がりは汎化係数に影響しない．ここで $\theta(\cdot)$ は，括弧内が真のとき 1，偽のときゼロとなる関数である．

式 (5.14) と比較すると，変分ベイズ推定量 (5.24) は最尤推定量の各特異値成分に対して個々に（positive-part）James-Stein 型 [10, 30] の縮小をかけたものと漸近等価であることがわかる．

5.3.4 変分ベイズ法の汎化性能

定理 5.6 を用いれば汎化誤差の漸近形が得られる．

■**定理 5.7** 変分ベイズ法の汎化誤差は以下のように漸近展開される．

$$G_{\rm VB}(n) = \frac{\lambda_{\rm VB}}{n} + O(n^{-3/2})$$

ただし汎化係数は

$$2\lambda_{\rm VB} = (H^*(M+L) - H^{*2}) \\ + \left\langle \sum_{h=1}^{H-H^*} \theta(\tau_h > M)\left(1 - \frac{M}{\tau_h}\right)^2 \tau_h \right\rangle_{q(\{\tau_h\})} \quad (5.25)$$

で与えられる．$\{\tau_h; h = 1, \ldots, L\}$ および $\langle \cdot \rangle_{q(\{\tau_h\})}$ の定義は定理 5.4 で与えられたものと同じである．

最尤推定の場合（5.3.2 項）と同様に，式 (5.25) の第 2 項を大規模近似したい．最尤推定の場合との違いは以下である．

1. 最尤推定の場合の汎化係数の第 2 項 (5.17) は固有値の（不完全）1 次モーメントであったが，式 (5.25) の第 2 項には $-1, 0, 1$ 次モーメントが含まれる．
2. ランクの制約による打ち切りに加えて，関数 $\theta(\tau_h > M)$ による打ち切りも考慮する必要がある．

極限固有値分布のモーメント (5.20) は任意の次数 k について不定積分できるので，1. については問題ない．2. に対応するために，式 (5.18) および式 (5.19) とともに

$$\kappa = \frac{M}{M - H^*} \tag{5.26}$$

を定義する．ランクの制約による打ち切りの影響は，式 (5.22) で定義される u_β を用いて，$u < u_\beta$ となる固有値が汎化係数に寄与しないことによって表現された．関数 $\theta(\tau_h > M)$ の影響はより直接的であり，$u < \kappa$ となる固有値の寄与を取り除けばよい．すなわち変分ベイズ法の汎化係数には

$$u < \max(\kappa, u_\beta)$$

となる固有値は寄与しない．図 5.4 の斜線部分のみが寄与するのである．

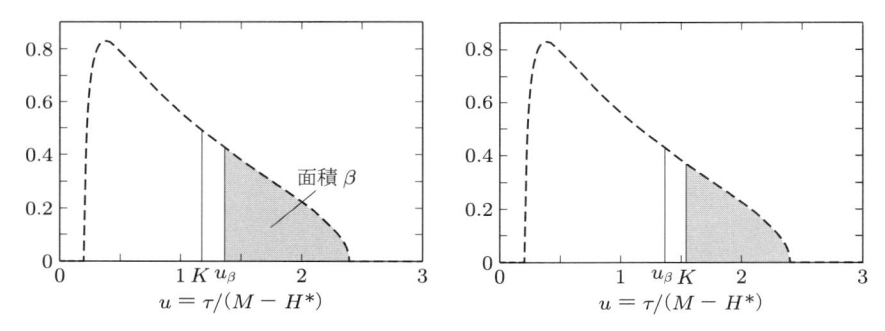

図 5.4 変分ベイズ法の場合の汎化誤差計算の説明．上図：$u_\beta \geq \kappa$ の場合．下図：$u_\beta < \kappa$ の場合．斜線部分が汎化係数に寄与する領域である．

$u_t = \max(\kappa, u_\beta)$ とし，式 (5.21) によって $-1, 0, 1$ 次モーメントを計算すれば汎化係数の近似解析表現が得られる [14]．

定理 5.8 M, L, H, H^* が十分大きいとき，縮小ランク回帰モデルにおける変分ベイズ法の汎化係数は以下で近似される．

$$2\lambda_{\mathrm{VB}} \approx (H^*(M + L) - H^{*2}) \\ + (M - H^*)(L - H^*) \left\{ J(s_t; 1) - 2\kappa J(s_t; 0) + \kappa^2 J(s_t; -1) \right\}$$

ただし

$$s_t = \max\left(\frac{\kappa - (1 + \alpha)}{2\sqrt{\alpha}}, J^{-1}(\beta; 0) \right)$$

$$J(s; 1) = \frac{1}{\pi}(-s\sqrt{1 - s^2} + \cos^{-1} s)$$

$$J(s;0) = \frac{1}{2\pi\alpha}\left\{-2\sqrt{\alpha}\sqrt{1-s^2} + (1+\alpha)\cos^{-1}s\right.$$
$$\left. -(1-\alpha)\cos^{-1}\frac{\sqrt{\alpha}(1+\alpha)s + 2\alpha}{2\alpha s + \sqrt{\alpha}(1+\alpha)}\right\}$$

$$J(s;-1) = \begin{cases} \dfrac{1}{2\pi\alpha}\left\{2\sqrt{\alpha}\dfrac{\sqrt{1-s^2}}{2\sqrt{\alpha}s+1+\alpha} - \cos^{-1}s \right. \\ \qquad \left. + \dfrac{1+\alpha}{1-\alpha}\cos^{-1}\dfrac{\sqrt{\alpha}(1+\alpha)s+2\alpha}{2\alpha s+\sqrt{\alpha}(1+\alpha)}\right\} & (0<\alpha<1) \\ \dfrac{1}{2\pi\alpha}\left\{2\sqrt{\dfrac{1-s}{1+s}} - \cos^{-1}s\right\} & (\alpha=1) \end{cases}$$

である．

次節でこの結果について議論する．

5.4 学習理論にもたらした知見

　本章では，最も歴史の古いランダム行列であるウィシャート行列とその固有値分布について解説し，統計的学習理論への応用について紹介した．最後に，前節までに紹介したランダム行列の理論を用いた解析が統計的学習理論にもたらした知見について解説する．

　まずはじめに，大規模極限近似によって得られた結果が現実的な規模のモデルにも適用可能であることを確かめる．図 5.5 に，$M=50$, $L=30$, $H^*=0$ の場合の汎化係数を示す．横軸には $H=1,\ldots,30$ をとっており，縦軸には汎化係数を有効パラメータ次元 (5.13) で規格化した量 $2\lambda/K$ をとっている．この量は正則モデルの場合には常に 1 となる（定理 5.2）．左の図は大規模極限近似で得られた定理 5.5 および定理 5.8 にもとづいて計算された値であり，右の図は定理 5.4 および定理 5.7 内の期待値を，ウィシャート分布を数値的に発生させて計算した値である．行列サイズは有限であるので前者は近似値であり，後者は期待値計算のサンプルを十分多くとれば厳密値に非常に近いと考えてよい．左右の図を比較してみると，このようにあまり規模の大きくないモデルの場合であっても，両者が非常によく一致していることがわかる．以下で示す他の二つの図（図 5.6 および図 5.7）の場合においても，大規模近似を用いた場合と用

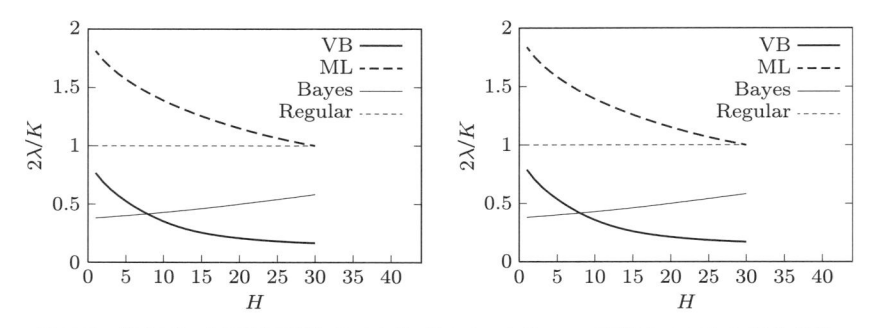

図 5.5 縮小ランク回帰モデルの（有効パラメータ数 K で規格化された）汎化係数. $M=50, L=30, H^*=0$ の場合であり，$H=1,\ldots,30$ を横軸にとった．VB は変分ベイズ法，ML は最尤推定，Bayes はベイズ推定に対応する．これらのうち，VB および ML が本章で紹介した解析法によって得られた値である．左が極限固有値分布によって得られた値，右がウィシャート行列を発生させて式 (5.17) を数値的に計算して得られた値である．両者が良い精度で一致していることがわかる．

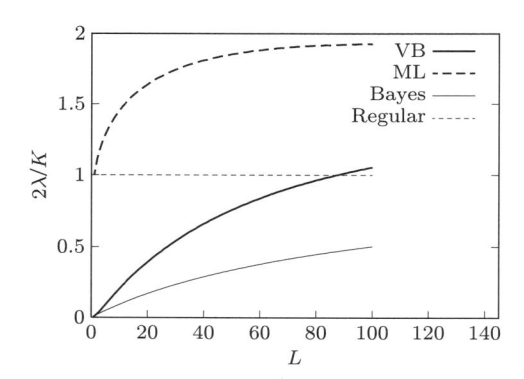

図 5.6 $M=100, H=1, H^*=0$ の場合．$L=1,\ldots,100$ を横軸にとった．変分ベイズ法の汎化誤差が $L=100$ 近辺で 1 （正則モデルの場合）を超えている．

いない場合の違いは非常に小さいことを付け加えておく．

さて，大規模極限近似の適用範囲が十分広いことが確認されたところで，図 5.5〜5.7 が示唆する統計的学習理論上の意味を考えよう．5.2.2 項で述べたように，特異モデルの汎化性能の解析は難しい場合が多い．近年提案された代数幾何学的手法はベイズ推定の汎化係数を求めるための一般的な「解法」を与えているが [18, 27]，その「解法」に従って具体的なモデルの汎化係数を求めることは

5.4 ■ 学習理論にもたらした知見

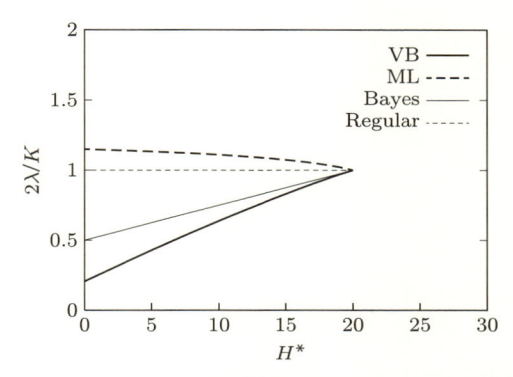

図5.7 $M=50, L=30, H=20$ の場合．$H^* = 1, \ldots, 20$ を横軸に取った．

実は容易ではない．幸運なことに，「解法」を部分的に適用した際に得られる値は汎化係数の上限を与えるので，多層ニューラルネットワーク，混合分布モデルや隠れマルコフモデルなどについて，ベイズ汎化係数の上限が導出されている [21, 22]．

そのようななかで唯一縮小ランク回帰モデルについては，帰納法により「解法」が完全に適用され，任意の規模における厳密解が得られている [2]．図5.5〜5.7に示されたベイズ推定の場合の汎化係数は，この結果から得られたものである[*1]．最尤推定や変分ベイズ法の場合の解析も難しく，汎化係数が知られているのは本章で紹介した縮小ランク回帰モデルの場合だけである[*2]．つまり縮小ランク回帰モデルは，最尤推定，ベイズ推定および変分ベイズ推定の汎化誤差が解明された唯一の特異モデルであり，学習アルゴリズムの性能を議論する上で重要である．

縦軸が正則モデルの場合に1となるよう規格化されていることを思い出しつつ，図5.5を見てほしい．最尤推定法の汎化誤差は常に1以上であり，ベイズ法，変分ベイズ法のそれは常に1以下である．実は比較的緩い条件において以下のことが知られている．

> ■ **命題 5.2** 一般にモデルが特異であるとき，正則モデルの場合と比較して最尤法では汎化誤差が大きく，ベイズ法では小さい [19]．

[*1] ベイズ法の解析には大規模極限近似は使われないので，図5.5の左右には全く同一の厳密値が示されている．

[*2] 混合分布モデルや隠れマルコフモデルの変分ベイズ自由エネルギーの上限は得られているが [9, 17]，これらのモデルの汎化係数はまだ解明されていない．

この命題は，特異モデルにおいて最尤法は過学習しやすく，ベイズ法はしにくいことを主張している．ではベイズ推定の近似法である変分ベイズ法はどうであろうか？特異モデルにおいて，変分ベイズ法がベイズ法と同様に過学習しにくいことは実験的に示されている [25]．図 5.5 もその傾向を裏づけているように見える．しかし，$M=100$, $H=1$, $H^*=0$, $L=1,\ldots,100$ の場合について計算した図 5.6 は，特異モデルにおける変分ベイズ法が常に正則モデルの場合よりも過学習しにくいわけではないことを示している．$L=100$ 近辺で 1（正則モデルの場合）を超えていることがその根拠である．この点は，ベイズ推定と変分ベイズ法との性能上の大きな相違点であると言える．

一方，図 5.5 を見てもわかるように，近似法である変分ベイズ法が常にベイズ推定よりも過学習しやすいというわけではない．極端な例として図 5.7 を見てみよう．$M=50$, $L=30$, $H=20$ として $H^*=1,\ldots,20$ を横軸にとっている．この図は，真のランク H^* によらず変分ベイズ法がベイズ法よりも過学習しにくい場合があることを示している．このことは，変分ベイズ法の汎化誤差解析によって初めて明らかになった事実である[*1]．

変分ベイズ法をフルランク（$H=L$）の縮小ランク回帰モデルに適用すると，多くの特異値成分が自動的にゼロになることによってモデル選択（モデルの自由度の自動選択）が実現されることが知られている[*2]．この性質の解明にも用いられた [13] ランダム行列理論は，統計的学習理論の発展に今後も重要な役割を果たすと考えられる．

[*1] この事実はベイズ法が他の推定法に優越されないこととは矛盾しない．詳しくは [14] を参照されたい．

[*2] 縮小ランク回帰モデルは確率的主成分分析 [15] とともに行列分解の特別な場合と解釈できる [12]．変分ベイズ法がランクを自動選択するという事実は主成分分析の文脈において実験的に知られていたが [5]，その性質が理論的に解明されたのはごく最近である．

◢▪ 第 5 章の関連図書 ▪◣

[1] H. Akaike. A New Look at Statistical Model. *IEEE Trans. on Automatic Control*, Vol. 19, No. 6, pp. 716–723, 1974.

[2] M. Aoyagi and S. Watanabe. Stochastic Complexities of Reduced Rank Regression in Bayesian Estimation. *Neural Networks*, Vol. 18, No. 7, pp. 924–933, 2005.

[3] H. Attias. Inferring Parameters and Structure of Latent Variable Models by Variational Bayes. *Proc. of UAI*, 1999.

[4] P. F. Baldi and K. Hornik. Learning in Linear Neural Networks: A Survey. *IEEE Trans. on Neural Networks*, Vol. 6, No. 4, pp. 837–858, 1995.

[5] C. M. Bishop. Variational Principal Components. *Proc. of International Conference on Artificial Neural Networks*, Vol. 1, pp. 514–509, 1999.

[6] H. Cramer: *Mathematical Methods of Statistics*, University Press, Princeton, (1949)

[7] K. Fukumizu. Generalization Error of Linear Neural Networks in Unidentifiable Cases. *Proc. of ALT*, pp. 51–62, Springer, 1999.

[8] G. E. Hinton and D. van Camp. Keeping Neural Networks Simple by Minimizing the Description Length of the Weights. *Proc. of COLT*, pp. 5–13, 1993.

[9] T. Hosino, and K. Watanabe and S. Watanabe. Stochastic Complexity of Variational Bayesian Hidden Markov Models. *Proc. of IJCNN*, 2005.

[10] W. James and C. Stein. Estimation with Quadratic Loss. *Proc. of the 4th Berkeley Symp. on Math. Stat. and Prob.*, pp. 361–379, 1961.

[11] V. A. Marcenko and L. A. Pastur. Distribution of Eigenvalues for Some Sets of Random Matrices. *Mathematics of the USSR-Sbornik*, Vol. 1, No. 4, pp. 457–483, 1967.

[12] S. Nakajima, M. Sugiyama, S. D. Babacan, and R. Tomioka. Global Analytic Solution of Fully-observed Variational Bayesian Matrix Factorization. *Journal of Machine Learning Research*, Vol. 14, pp. 1–37, 2013.

[13] S. Nakajima, R. Tomioka, M. Sugiyama, and S. D. Babacan. Perfect Dimensionality Recovery by Variational Bayesian PCA. In P. Bartlett, F. C. N. Pereira, C. J. C. Burges, L. Bottou, and K. Q. Weinberger, editors, *Advances in Neural Information Processing Systems 25*, pp. 980–988, 2012.

[14] S. Nakajima and S. Watanabe. Variational Bayes Solution of Linear Neural Networks and its Generalization Performance. *Neural Computation*, Vol. 19,

[15] M. E. Tipping and C. M. Bishop. Probabilistic Principal Component Analysis. *Journal of the Royal Statistical Society*, Vol. 61, pp. 611–622, 1999.

[16] K. W. Wachter. The Strong Limits of Random Matrix Spectra for Sample Matrices of Independent Elements. *Annals of Probability*, Vol. 6, pp. 1–18, 1978.

[17] K. Watanabe and S. Watanabe. Stochastic Complexities of Gaussian Mixtures in Variational Bayesian Approximation. *Journal of Machine Learning Research*, Vol. 7, pp. 625–644, 2006.

[18] S. Watanabe. Algebraic Analysis for Nonidentifiable Learning Machines. *Neural Computation*, Vol. 13, No. 4, pp. 899–933, 2001.

[19] S. Watanabe. Algebraic Information Geometry for Learning Machines with Singularities. *Advances in NIPS*, Vol. 13, pp. 329–336, 2001.

[20] S. Watanabe and S. Amari. Learning Coefficients of Layered Models When the True Distribution Mismatches the Singularities. *Neural Computation*, Vol. 15, pp. 1013–1033, 2003.

[21] K. Yamazaki and S. Watanabe. Singularities in Mixture Models and Upper Bounds of Stochastic Complexity. *Neural Networks*, Vol. 16, No. 7, pp. 1029–1038, 2003.

[22] K. Yamazaki and S. Watanabe. Algebraic Geometry and Stochastic Complexity of Hidden Markov Models. *Neurocomputing*, 2005.

[23] 福水健次，栗木哲，竹内啓，赤平昌文：「特異モデルの統計学」，岩波書店 (2004)

[24] 坂元慶之，石黒真木夫，北川源四郎：「情報量統計学」，共立出版 (1983)

[25] 上田修功，ベイズ学習，電子情報通信学会誌, Vol. 85, No. 4,6,7,8, April–August 2002.

[26] 渡辺澄夫：「データ学習アルゴリズム」，共立出版 (2001)

[27] 渡辺澄夫：「代数幾何と学習理論」，森北出版 (2006)

[28] 渡辺澄夫，村田昇：「確率と統計」，コロナ社 (2005)

[29] 永尾太郎：「ランダム行列の基礎」，東京大学出版会 (2005)

[30] 久保川達也：「モデル選択」（第3部：スタインのパラドクスと縮小推定の世界），岩波書店 (2004)

索 引

■ 英数字

AIC → 赤池情報量規準　155
MIMO　118
PCA → 主成分分析　80
R-変換　107, 137
S-変換　139

■ あ 行

赤池情報量規準（AIC）　155
アンサンブル平均　150
鞍点評価　90
鞍点法　89
イジングスピン　108
ウィグナーの半円則　7, 54, 99, 102, 127, 131, 136
ウィシャート行列　147
ウィシャート分布　114, 128
エネルギー関数　80, 83
エネルギー準位統計　70, 116
エルミート多項式　75
円則　66, 130

■ か 行

ガウス型直交アンサンブル　71
ガウス型ユニタリアンサンプル　72
ガウス分布　50
可換　10
確率過程　46
確率分布　15
確率変数　14
確率密度関数　14
カタラン数　59
カノニカル分布　44
カルバック擬距離　154
逆温度　84
逆行列　10
鏡像原理　59

局所相関関数　70
コーシー変換　137
固有値　12
固有値密度　53
固有ベクトル　12

■ さ 行

最大固有値　80
最尤推定　147, 153
自己共役行列　13
自己平均性　54, 85, 123, 131, 150
実対称行列　12
実直交行列　12
実反対称行列　22
自由エネルギー　45, 83, 162
自由確率論　132
自由キュムラント　138
自由少数の法則　136
自由中心極限定理　136
自由独立性　134
　　漸近的―　137
周辺確率密度関数　14
縮小ランク回帰モデル　147
主成分スコア　82
主成分分析（PCA）　80
主成分ベクトル　82
スケーリング関数　94
スティルチェス反転公式　106
スピングラスモデル　108
正則モデル　147, 152
正方行列　10
漸近固有値分布　96, 105, 125, 127, 129, 130
線形ニューラルネットワーク　157
相転移現象　93
疎なランダム行列　131

■ た 行

対角化　12
大自由度極限　83
楕円則　67
多変数ガウス積分　98
単位行列　10
中心極限定理　50
中性子共鳴　115
通信路　116
　　ガウス―　116
　　ガウスベクトル―　118
　　―行列　118
　　スカラー―　116
　　ベクトル―　118
　　―容量　116, 119
　　　　アウテージ容量　118
　　　　エルゴード容量　118, 119
ディラックのデルタ関数　14, 53
データ行列　81
転置行列　12
統計的学習理論　124
特異点　156
特異モデル　147, 152
特性関数　42

■ な 行

ナラヤナ数　65

■ は 行

配位平均　85
ハミルトニアン　80
ハリスチャンドラ−イチクソン−ズバー積分　107
ハール測度　32, 139
汎化係数　154
半正定値　82

非可換確率空間　133
非可換確率変数　132
標準ノルム　13
標本分散共分散行列　80, 81
フェーディング　116
　　　高速—　118, 119
　　　低速—　118, 119
複製（レプリカ）系　86
普遍性　53, 127, 129, 132
分配関数　44, 83
ベイズ推定　147, 154
ベイズ予測分布　154
変分ベイズ法　161
ポートフォリオ理論　120

ボルツマン分布　44

■ ま　行
マルチェンコ−パスツール則
　　　61, 99, 104, 129, 131,
　　　136, 139, 147
無限ウィグナー行列　8
モーメント　50, 85

■ や　行
ヤコービ行列　14
有限サイズスケーリング仮説
　　　94
有効フロンティア　121

ユニタリ行列　13

■ ら　行
ラグランジュ未定乗数　81,
　　　121
リー環　31
リー群　31
レビーの定理　43
レプリカ対称解　91
レプリカ対称性　90
レプリカトリック　85
レプリカ法　46, 83, 86

著者略歴

渡辺　澄夫（わたなべ・すみお）　担当：第 1 章
　1987 年　京都大学大学院理学研究科数理解析専攻 単位取得退学
　2001 年　東京工業大学 教授
　　　　　現在に至る
　　　　　博士（工学）

永尾　太郎（ながお・たろう）　担当：第 2 章
　1994 年　東京大学大学院理学系研究科 博士課程修了
　1994 年　大阪大学理学部 助手
　2004 年　名古屋大学大学院多元数理科学研究科 助教授
　2009 年　名古屋大学大学院多元数理科学研究科 教授
　　　　　現在に至る
　　　　　博士（理学）

樺島　祥介（かばしま・よしゆき）　担当：第 3 章
　1993 年　京都大学大学院理学研究科物理学第一専攻 中途退学
　1993 年　奈良女子大学理学部 助手
　1996 年　東京工業大学大学院総合理工学研究科 講師
　2000 年　東京工業大学大学院総合理工学研究科 助教授
　2004 年　東京工業大学大学院総合理工学研究科 教授
　　　　　現在に至る
　　　　　博士（理学）

田中　利幸（たなか・としゆき）　担当：第 4 章
　1993 年　東京大学大学院工学系研究科電子工学専攻 博士課程修了
　1993 年　東京都立大学工学部電子・情報工学科 助手
　2002 年　東京都立大学大学院工学研究科電気工学専攻 助教授
　2005 年　首都大学東京システムデザイン学部システムデザイン学科 助教授
　2005 年　京都大学大学院情報学研究科システム科学専攻 教授
　　　　　現在に至る
　　　　　博士（工学）

中島　伸一（なかじま・しんいち）　担当：第 5 章
　1995 年　神戸大学大学院理学研究科物理学専攻 修士課程修了
　1995 年　（株）ニコン 精機事業部 開発統括部
　2006 年　東京工業大学大学院総合理工学研究科知能システム科学専攻 博士課程修了
　2006 年　（株）ニコン コアテクノロジーセンター光技術研究所 主任研究員
　2011 年　（株）ニコン コアテクノロジーセンター光技術研究所 主幹研究員
　2015 年　ベルリン工科大学ビッグデータセンター シニアリサーチャー
　　　　　現在に至る
　　　　　博士（理学）

編集担当	丸山隆一（森北出版）	
編集責任	富井 晃（森北出版）	
組　版	藤原印刷	
印　刷	同	
製　本	同	

ランダム行列の数理と科学
　ⓒ 渡辺澄夫・永尾太郎・樺島祥介・田中利幸・中島伸一　*2014*

2014 年 4 月 28 日　第 1 版第 1 刷発行　【本書の無断転載を禁ず】
2022 年 3 月 10 日　第 1 版第 3 刷発行

著　者　渡辺澄夫・永尾太郎・樺島祥介・田中利幸・中島伸一
発行者　森北博巳
発行所　森北出版株式会社
　　　　東京都千代田区富士見 1-4-11（〒 102-0071）
　　　　電話 03-3265-8341／FAX 03-3264-8709
　　　　https://www.morikita.co.jp/
　　　　日本書籍出版協会・自然科学書協会　会員
　　　　JCOPY ＜（一社）出版者著作権管理機構　委託出版物＞

落丁・乱丁本はお取替えいたします．

Printed in Japan／ISBN978–4–627–01781–8

図書案内 森北出版

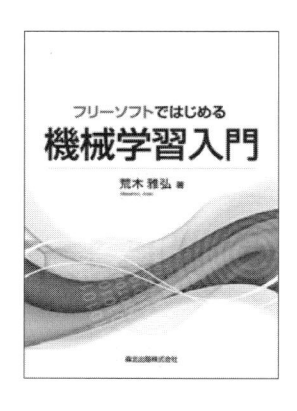

フリーソフトではじめる機械学習入門

荒木雅弘／著

菊判・272 頁
定価(本体 3600 円＋税)
ISBN978-4-627-85211-2

識別，回帰などの基本的な手法から，強化学習や深層学習（ディープラーニング）などの最先端の手法までをやさしく解説した．データマイニングソフトウェア Weka で実践力が身につく 1 冊．

目次

1 章 はじめに／2 章 機械学習の基本的な手順／3 章 識別―概念学習―／4 章 識別―統計的手法―／5 章 識別―生成モデルと識別モデル―／6 章 識別―ニューラルネットワーク―／7 章 識別―サポートベクトルマシン― ／8 章 回帰／9 章 アンサンブル学習／10 章 モデル推定／11 章 パターンマイニング／12 章 系列データの識別／13 章 半教師あり学習／14 章 強化学習／15 章 深層学習

ホームページからもご注文できます
http://www.morikita.co.jp/

図書案内　森北出版

知能情報科学シリーズ
代数幾何と学習理論

渡辺 澄夫／著

A5 判・228 頁
定価(本体 3800 円＋税)
ISBN978-4-627-81321-2

代数幾何や代数幾何に関連する数学的な概念を，できるだけ具体的に説明した．代数幾何における基礎的な概念が，超関数論と経験過程を通して学習システムの数理と緊密な繋がりをもつことを明らかにしている．

目次

第 1 章 学習の数理
第 2 章 特異点
第 3 章 代数幾何
第 4 章 超関数
第 5 章 経験過程
第 6 章 学習理論
第 7 章 学習理論と諸科学

ホームページからもご注文できます
http://www.morikita.co.jp/